绿色中庭建筑的设计探索

王 洁 著

Design of Green Atrium Buildings

ZHEJIANG UNIVERSITY PRESS
浙江大学出版社

序

我国在建筑领域倡导绿色节能的历史可以上溯到20世纪90年代中叶，首先是提出建筑节能的概念，至今建筑节能依然是刚性很强的国家发展战略。经过近10年的建筑节能发展，2005年3月，由建设部在北京召开首届“国际智能与绿色建筑技术研讨会暨展览会”，标志着发展绿色建筑在我国开始启动；同年年末，国务院颁布《国家中长期科学和技术发展规划纲要(2006—2020年)》，在11项“重点领域及其优先主题”的第九项“城镇化与城市发展”中，“建筑节能与绿色建筑”成为5个子项之一，这标志着绿色建筑与建筑节能一起成为国家的重大科技发展方向之一。又经过近5年的发展，在2010年，低碳生态城市建设的理念开始显现。这样的发展过程可以让我们做出如下的判断：

1. 从建筑节能到绿色建筑再到低碳生态城市，我国推进建筑可持续发展的路径在短短15年的时间里呈现跳跃式发展的特征，时间短，速度快。而这15年又是我国现代化发展突飞猛进的15年。

2. 我国关注城市建筑可持续发展的战略从建筑节能入手，这是关注单项建筑属性的策略，是从最紧迫关键的问题入手，但绝非建筑可持续发展的全部内容。

3. 在10年推进建筑节能的基础上又提出同时推进绿色建筑，这是关注建筑整体属性的发展战略，从建筑的单一属性向整体属性的发展，这是一个历史性的飞跃。

4. 在低碳生态城市的发展理念之下，建筑将被置于城市整体环境中考虑节能、绿色的发展问题，这是由建筑走向城市的又一次发展历程的历史性的飞跃。

这样快速的跳跃式发展，尽管成效显著，但也必然留下大量的缺失有待修补和完善。其中如何在建筑节能与绿色建筑的发展过程中走出具有我国特色、符合我国国情特点的创新之路的问题始终萦绕在我们的心头。解决这个问题需要脚踏实地的努力和科学睿智的工作。

大体量、大进深的建筑空间是当代城市建筑的重要空间组织形式。这种空间组织形式对节地、资源综合利用、建筑的高效多功能复合以及室内人性化场所的营造都是十分有效的，是当代建筑主要的标志之一。采光中庭是此类建筑常见的空间组织方式。采光中庭在冬季可以用最小的外表面来缓冲内部环境的变化，减少外墙的热工损失，但在夏季却是耗能较大的空间，特别在夏热冬冷地区，建筑采光中庭对室内舒适度的负面影响常常需要大量技术投入方能缓解。为此，在倡导节能与绿色的前提下，夏热冬冷地区采用采光中庭的空间组织方式所引发的问题被普遍关注，甚至有人否定在这样的气候区采用采光中庭的空间组织方式。显然，这样的否定缺乏扎实和全面的科学依据和方法论基础，是错误的。但问题也十分明显，能否科学有效地解决采光中庭空间的高效节能将直接关系到公共建筑节能的有效实施，是夏热冬冷地区现代化公共建筑推进节能与绿色的关键。

王洁副教授在浙江省政府的资助下展开对中庭建筑的绿色设计的研究，重点研究夏热冬冷气候区的相关问题，我觉得值得推崇，因此愿意为其著作的出版作序。

由于我们发展的快速，理念的跳跃式变化，研究，特别是基础性的研究日益显得苍白。采光中庭的建筑空间形态到底对建筑的绿色性能有怎样的影响？对这个基础问题的研究在国内还缺乏令我满意的成果。原因很简单，因为采光中庭与建筑空间的形态关系还没有得到充分的研究。而采光中庭与建筑空间的组合方式是分析其影响建筑环境质量的出发点。只有找出中庭与建筑空间的组合方式的一般规律，才能进一步有效地对采光中庭在被动和主动两个方面对建筑绿色度的影响展开研究。王洁副教授的研究路线符合我这样的判断，因此，我认为值得推崇。

当然，中庭建筑的绿色设计是个新的课题，也是一个难题。王洁副教授的研究为我们打开了一个新的研究视野，我想这可能也是本书最大的特色吧！

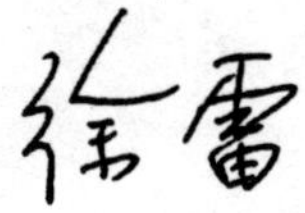

徐雷教授

浙江大学建筑工程学院建筑系 教授 博士生导师

浙江大学建筑设计及其理论研究所 所长

中国绿色建筑委员会委员

浙江省绿色建筑委员会副主任委员、专家委员会主任委员

前言

“夏热冬冷地区公共建筑采光中庭的高效集成技术及其应用示范”得到浙江省科技厅的大力支持，获得2008年度科技项目资助，课题编号为2008C23027。在该课题研究的两年多时间里，课题组首先对国内外中庭建筑的发展历史和现状作了全面的调查和分析，建立了课题研究的基础框架；然后，对近20年来以中庭为特色的国内外绿色建筑作了分析和归纳，提炼了可以借鉴和推广的现代中庭建筑的绿色设计策略和技术措施。最后，在参考国内外成熟的绿色建筑评价体系的基础上，通过数字模拟对这些技术进行了分析、比较、筛选和整合优化，提出了一系列针对夏热冬冷地区公共建筑采光中庭的设计方法和适宜技术。

对于公共建筑的采光中庭，被动式节能的策略主要关注中庭的自然通风、采光和集热；主动式节能的策略则是对各种成熟技术与设备的集成应用。因此，本课题的成果不仅对采光中庭的高效节能技术的集成及应用作出贡献，而且也将对中庭空间的设计创新、对大型空间组织模式的创新作出贡献。

本书将课题研究的一些成果给以通俗的语言描述和总结，充实大量可借鉴的实例，形成了可供建筑设计人员、相关专业的学生参考、检验和共同完善的现代中庭建筑的绿色设计策略和方法。在低碳经济的大氛围下，希望本书可以为建筑师的设计带来帮助，同时也期待关心绿色建筑事业的社会各界的批评和指正。

在课题研究以及书稿撰写过程中，得到了很多人的帮助，在此表示衷心的感谢。首先感谢徐雷教授在课题的确定以及研究过程中提出的宝贵意见；感谢王竹教授、葛坚教授对本课题研究的热心指导；其次，要感谢浙江中成实业有限公司的曹立峻高级工程师、宋国台高级工程师，以及浙江大学建筑设计研究院的王靖华高级工程师、杨毅高级工程师对本课题研究的热忱帮助；感谢浙江大学建筑系的钱海平讲师、林涛讲师、曹震宇讲师、浦欣成讲师和孙炜玮讲师对本课题研究的积极参与；最后，要感谢作者的研究生周洁、王卓佳和陈世钊等人在书稿撰写过程中协助收集和扫描资料，特别是周洁在课题研究时共同积累和提炼素材，讨论研究思路，并协助完成了附录的部分写作工作，促成了书稿撰写工作的顺利完成。谨借此机会一并致谢！

王　洁
2010 年 8 月

目　录

绪　论

1. 为何关注中庭建筑

20世纪是社会快速发展的世纪，世界各地的生活方式和城市空间都发生了巨大变化。而21世纪是一个提倡低碳生活和可持续发展的时代。地球温暖化、能源危机等问题，让我们每一个人必须重新向自然学习。作为建筑师，我们有必要对现有的建筑思维模式进行反思。那么，我们为何关注中庭建筑呢？

中庭的雏形可以追溯到传统民居、教堂中的庭院。这些传统庭院往往是集生活、交流和观赏于一体的丰富空间，常常承载着我们的生活和城市记忆。传统庭院在与自然环境和谐共存的过程中，逐步起到了调节气候、提高空间舒适性的作用。凝聚了先辈们代代相传的经验和智慧的庭院空间，经历了自然和生活的考验，是值得我们继承的珍贵遗产。

中庭空间也是当代城市建筑的重要空间组织形式，有利于节地、资源综合利用和建筑的高效多功能复合利用。同时，采光中庭的室内外空间在视觉上的沟通也是当代建筑人性化要求的重要体现。因此，当代形式各异的公共建筑常常会利用采光中庭来组织各种空间。

现代中庭应该是传统庭院的继承和发展，但在当今中庭建筑的快速发展中，逐渐暴露出一些由于片面追求视觉上的宏伟效果，而导致中庭空间设计过分奢华、能耗过高等问题。这和建筑师往往较钟情于对中庭文化和美学方面的研究，而忽略了中庭空间对降低建筑整体能耗的作用，造成中庭设计的盲目性和随意性有一定的关系。在全世界能源日趋紧张的今天，如果不能以可持续的设计理念来推动中庭建筑的低能耗设计，那只具有艺术和精神特质的中庭空间的生命力将会是短暂的。

在当今的建筑设计中，建筑师们不仅要关注建筑的形式问题，更要关注影响人体热舒适的建筑环境因素，不能把物理环境交给其他专业技术人员采用机械手段进行处理。建筑师们不能忘记了自己设计的形态是建筑最初的模子，如果模子没有做好，则后续的机械手段也许要花上数倍的代价来弥补。机械的手法不仅会消耗更多的能源，而且也很难达到真正理想的效果。对创造自然、舒适和低能耗的中庭环境来说，建筑师们应该可以自觉运用一些形态优化设计和被动式节能方法，例如自然通风、太阳能利用、植物绿化、自然采光等，来改善中庭的热环境，有效降低中庭建筑的整体能耗。

2. 绿色建筑和中庭

可持续发展的概念，最早是在 1972 年斯德哥尔摩举行的联合国人类环境研讨会上正式提出并进行了讨论。绿色建筑是可持续发展在建筑领域的具体体现，国际上对绿色建筑的提法和定义虽有不同，但都是遵循可持续发展的基本原则。例如，绿色建筑在日本称为环境共生建筑，有些欧美国家称之为生态建筑(ecological building)、可持续建筑(sustainable building)，在北美国家则称之为绿色建筑(green building)。由于绿色的用语在国际间已经成为地球环保的代名词，因此，本书采用绿色建筑作为生态、环保、可持续、环境共生建筑的通称。

在 1990 年，IPCC 发表了第一次地球温暖化的警告，对公众提出了掠夺性使用地球资源的严重后果；1992 年提出了"可持续发展"的目标，保护地球环境渐渐成为国际化的课题。进入 21 世纪，人们更加清楚地看到了气候变化、热岛效应、生态环境恶化对我们未来生活的严重影响，保护地球环境和资源开始深入人心。

在建筑设计领域，有社会责任感的建筑师们在不断地努力探索建筑的可持续发展。

20 世纪 60 年代，美籍意大利建筑师保罗·索勒瑞(Paolo Soleri)把生态学(ecology)和建筑学(architecture)两词合并成为生态建筑学(arcology)，并创建了生态建筑学理论。指出生态建筑首先要具备节能的特征，并充分考虑绿色能源的使用；其次要尊重地域环境和历史文化，与乡土有机结合。

20世纪70年代，欧美的有识之士开始认识到环境问题，探索建筑的节能技术。20世纪80年代到90年代，是试行、示范建筑节能的年代，培育了诸如太阳能利用技术、屋顶集热技术等节能技术。但同时，世界各地普遍还是重视建筑的舒适性，崇尚壮观、华丽的建筑。20世纪90年代之后，在建筑界确立了可持续建筑发展时代，开发了更多节能、生态、可持续的技术，并建立了各种绿色建筑的评价体系，绿色建筑的实践也有了长足的进展。

随着绿色建筑设计理念和实践的逐渐深入，中庭开始以一种生态节能要素出现在绿色建筑设计中。中庭作为建筑室内外的过渡和缓冲空间，开始为提高建筑的舒适度和降低建筑整体能耗而服务。进入21世纪，随着中庭生态效应的利用和开发，它在空间性和节能性两个方面，已成为日益引起重视的系统概念。因此，我们在进行中庭设计时，不仅应该注重中庭的空间质量，更应注重发挥其生态节能效应。

随着中国绿色建筑的发展，绿色建筑将很快进入快速发展和普遍应用阶段，作为建筑师和研究者，我们既要整理20世纪以来发展起来的绿色建筑设计理念和先进技术，同时要提倡通过自然诱导式设计以及和其他专业人士的密切合作，取得建筑、技术和造价之间的平衡，来实现中国建筑的可持续发展目标。本书希望通过绿色中庭建筑的设计探索，让读者从可持续发展层面去理解中庭的作用和价值，并以此来重新审视21世纪中国绿色建筑的发展。

3. 本书的关注点

(1)建筑形态和被动式节能

绿色建筑是一项系统工程，从时间上来说它涵盖建筑的设计、施工和运营的全过程；从专业上来说不仅是节约能源，还涉及场地保护、建筑材料的选择、室内环境质量等各个方面的制约因素。本书认为建筑节能是绿色建筑的重点，同时影响绿色建筑能量利用的大部分策略都发生在项目的方案设计阶段，与建筑师有着密切的关联。所以，本书希望以对建筑师有用，并符合建筑师在方案设计阶段所要考虑问题的方式呈现出来，使得建筑师能把对能量的关注转化并落实到建筑形态。

将被动式节能和建筑形态设计结合起来可以创造出各种形式的绿色建筑语言。在《后工业时代的地域文化》一书中，杰弗里·库克强调了太阳光和自然风所提供的设计可能性："从建筑上讲，窗户及其对各种环境调控的可能性应该取代温度调节装置及配套设施。建筑对外表的兴趣通过调节墙体在过滤自然环境方面的品质，一下子就扩展了建筑的美学语言，并使建筑融入到周围的气候环境之中。"

被动式节能与建筑形式的关系非常密切，本书关注日照、通风和采光等在被动式节能中的利用，并且阐述它们对建筑形态设计的影响力。使得具备一定经验的建筑师，可以创造出能够引导和塑造有效利用太阳辐射、自然通风和自然光的建筑形态。

(2)关注传统和气候

其实，利用环境价值，取得人与所处环境的和谐平衡并不是一个新课题。在传统建筑中，特别是在一些地方民居中，人们出于生活的需要以及代代相传的智慧，一直在创造可持续利用自然的方法。首先，传统民居的材料与建筑布局考虑自然气候资源条件的影响。如在干热型气候区，围护结构蓄热是控制室内温度波动最有效的措施，利用岩石、土坯砖和生土取得冬暖夏凉的效果。而在湿热性气候区，利用木材、茅草来建造轻质通透和架空的围护结构，最大限度地通风散热是最有效的方法。其次，太阳辐射、通风散热和防风对传统建筑也产生影响。无论是干热还是湿热地区，夏季白天减弱太阳辐射是首要的问题。例如，在中东地区的传统村落，建筑相互靠近，相互遮阳，同时利用自身构件来遮阳也是常用的方法。伊斯兰建筑中精致的窗格、中国江南地区的直棂窗、意大利南部的百叶窗，都是采用不同的方法将炎热的自然光过滤掉，同时允许对流风进入室内的地方建筑语言。

但是，自从工业革命以来，随着科学技术的快速发展，人们征服环境的意欲不断膨胀，忽视了人与自然和谐共处的基本观念。因为，人们理所应当地认为，人类有能力无限制地使用地球资源。大部分建筑师变得不注重环境控制系统，使得居住者脱离了自然，失去了室外生活的乐趣。

其实，对气候的关注一直是建筑创作的源泉，气候因素直接影响建筑的功能、形态和维护结构等。世界各地的主要气候区都采用迥异的建筑形式、照明、采暖和降温方式，以获取各自所需的舒适性。

现代倡导的建筑生物气候学，就是继承了传统建筑的精华，在设计中运用被动式低能耗技术，与场地气候和气象数据相结合，从而降低能耗，提高生活质量。其主要方法也是通过建筑外形的塑造、材料的选择等设计手段，而不是通过电器设备或系统来完成。例如，伦佐·皮亚诺设计的吉巴欧文化中心，是尊重传统、尊重气候，并进行现代建筑创新而取得成功的典范。

气候因素有很多，本书主要关注的气候因素有：日照、通风和温度。因为这些因素和方案阶段的建筑形态设计以及被动式节能有直接的关系。而有些因素，诸如湿度，虽然在湿热地区是影响人体舒适度的一个重要因素，但因为很难用形态设计和被动式设计来改善，就没有列入本书的主要气候关注点。

(3)以中庭为研究对象

本书对绿色建筑所关注问题的阐述，都是出于针对中庭建筑这样一个特定的视角。因为，绿色建筑的发展趋势，从开始的以保罗·苏勒瑞为代表的低技派先锋，到以诺曼·福斯特为代表的高技派明星建筑师这两个极端之间，欧洲的一些地区开创了一条中间的道路，这条道路主要是通过时代形象从低技派建筑中分化出来，通过将传统空间、材料和现代技术的完好结合来实现。他们认为中庭空间作为一种腔体空间，在以环境的人文主义来达到可持续性的设计中将扮演越来越重要的作用。

4. 本书的主要内容

本书由 3 章组成：第 1 章为中庭建筑的产生；第 2 章为现代中庭建筑的再认识；第 3 章为基于中庭形态的绿色设计方法和实践。主要内容如下：

第 1 章，首先，通过概述古希腊、古罗马的庭院以及中国传统民居中的天井，来阐述庭院和天井的特征；其次，通过实例概述了现代中庭产生和发展的过程，明确了中庭空间在现代公共建筑中的重要作用和地位。最后，对现代中庭建筑的高能耗进行了反思。

第 2 章是对现代中庭建筑的再认识。首先，把中庭空间作为生态交换空间来审视中庭的热环境。其次，探讨了中庭利用自然通风和采光的一般原则。最后，提出了降低中庭能耗的主要方向。

第 3 章阐述与中庭形态密切相关的绿色设计方法，在形成一个中庭建筑的方案设计阶段，这部分的绿色设计方法将指导设计者确定中庭的布局、尺度和形态。这些设计策略和方法是以建筑形态来分的，又细分为形式、尺度、屋顶和外立面这四个层面，并分别通过案例阐述各自层面的绿色设计方法。第 3 章还对近 20 年来国内外绿色中庭建筑的设计实践进行了概述。因为，如何把分别阐述的各种绿色设计策略和方法有效应用和组织起来是非常复杂的，只能通过案例的介绍来给建筑师一个总体的认识。并分别对国内外绿色中庭实践进行了统计和分析，通过国内外绿色中庭的比较，对国内绿色中庭的发展提出了建议。

本书采用根据建筑形态来阐述绿色设计方法，是因为建筑师正是通过这些形态的考虑来发展绿色设计概念的。选取的也是必须由建筑师而不是其他专业人员来完成的工作内容，如：日照、遮阳、自然通风和自然采光等内容。中庭的绿色设计方法涉及非常广泛的内容，本书采用一些标准来决定一个设计策略是否应该被包含在本书当中。首先，这些策略本质上是被动式的。但本书对被动式的定义应该稍微宽泛一些，也可以是采用混合的方式。其次，这些设计策略必须能与中庭建筑的形态相关。虽然这样做排除了大量非常好的节能策略，但我们可以把那些策略放到设计的后期阶段来考虑。

第1章　中庭建筑的产生和发展

1.1　中庭的内涵与外延

1.1.1　中庭的定义

如果要问中庭是什么，我们一瞬间在脑海中出现的印象可能是豪华的、引人注目的通高空间。在我们的印象中，这种通高空间经常出现在各类公共建筑中，是一个具有多种使用功能的内部空间，是一个常常引入自然景观以及多种人造景观来营造某种特定氛围的大空间。其实，在早期的人类建设活动中，人们就希望将自然环境引入到建筑的内部，产生了由建筑围合而成的中庭雏形——庭院；现代中庭可以说是随着建筑规模以及科学技术的发展由庭院转变而来的。

中庭的英文为“atrium”，《牛津大辞典》解释为“罗马时代宅第的中心庭院，或者位于早期教堂入口前由柱廊围合而成的前厅”；英国皇家地理学会释意为“在建筑物之内或之间的有顶庭院，通常有几层高，以用作到达与流通的集中点”；美国的传统辞典解释为“四方形厅堂；在某些现代建筑中，尤指公共或商业环境中带天窗的中央场所；天井住宅中央的露天场所；门廊建筑的前厅，如在早期的基督教堂里由三面或四面柱廊围绕而成的前厅”。

1.1.2　古希腊、古罗马建筑中的中庭雏形

为了得到充分的采光、通畅的空气以及内部封闭的自由空间，世界各地的古人积极在建筑之中营造一块具有围合感的露天场所，这种场所在建筑界被称为庭院、中庭、天井等。

1. 古希腊、古罗马住宅中的中庭雏形

(1)古希腊的庭院式住宅

古希腊地处温暖的巴尔干半岛沿海及周边岛屿，在公元前 800—600 年就已进入农业文明社会。根据张汀、张玉坤和王丙辰等的研究，古希腊住宅多为庭院式(见图 1.1)，贵族住宅往往以柱廊环绕形成宽敞的庭院。此庭院环境多被营造成“园”的形态，内有喷泉、雕塑、瓶饰等，栽培着蔷薇、罂粟、百合、风信子、水仙等芳香植物。普通住宅的庭院四周至少有一边为柱廊环绕，庭院开敞明亮，中央往往设置水池，并在其中养鱼①。

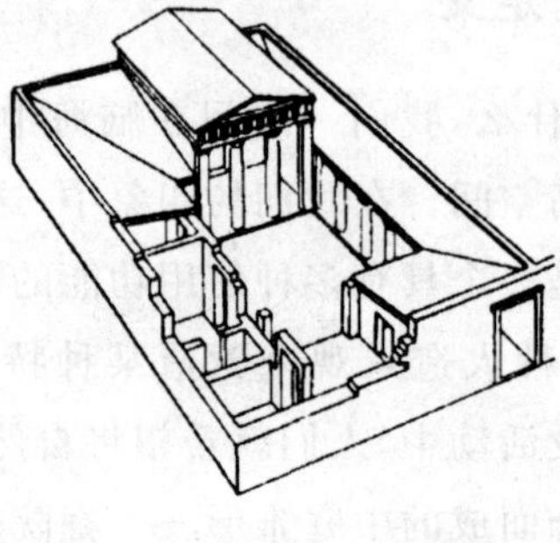

图 1.1　古希腊的庭院住宅

考古学家在爱琴海群岛的一个叫德洛斯的小岛屿上发现了集市、柱廊、神庙和住宅等建筑。德洛斯是希腊的一个宗教圣地，建造于公元前 2 世纪，在那里还发现了一片高级住宅。这些住宅一般朝南，以泥砖砌成长方形主体，在中央有一个庭院，在一边或者四边设置柱廊，向人们展现了早期古希腊庭院式住宅的概貌。

(2)古罗马的中庭式住宅

罗马城的建立可以追溯到公元前 8 世纪，虽然今天我们无法在罗马城找到早期保存下来的住宅实例，但在 1748 年开始的意大利南部小

① 张汀，张玉坤，王丙辰. 古希腊与古罗马传统民居建筑中的庭院探析. 山东建筑工程学院学报，2004，19(1)：36－39

城庞贝的考古发掘，使得这座建于公元前 7 世纪，毁于公元 79 年维苏威火山喷发的古城完整地重见天日。城中最古老的住宅年代为公元前 300 年左右。一般住宅为长方形，四周有高墙环绕，注重内部空间的营造。典型的布局是以中轴线来安排，住宅的中央有一个天井，因为它处于居中的位置，故称为中庭。中庭的前端是主起居室，两侧为主人的卧室。庞培城民居的中庭通常被作为建筑核心，是全家人日常生活的重要场所，其中庭可以采光，还可以收集水源，下雨时雨水可以流到设在房间正中的盛雨池中，然后再流入蓄水库①。

根据张汀、张玉坤和王丙辰等的研究，上古时代的古罗马人过的是游牧生活，帐篷式住宅以灶为中心。灶成为整个住宅物质和精神的核心，多数日常生活，如吃饭、做饭、冬季睡眠都围绕在它周围。为了通风、采光及排烟，古罗马人在帐篷的顶部设置开口。至今，我们依然可以从我国的蒙古包和云南苗寨的火塘布置中看到类似的情况。公元前 400—200 年左右，古罗马人赶走伊斯特鲁伊人，渐至强盛。在住宅建设方面，把游牧的居住模式部分沿袭下来并且和伊斯特鲁伊人的建筑形式合而为一，形成了较为成熟的中庭式罗马住宅（见图 1.2）。

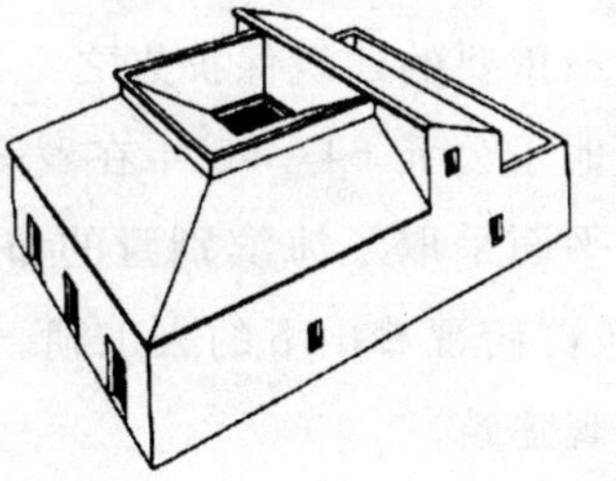

图 1.2　中庭式罗马住宅

（3）双庭式住宅

在罗马共和国的开始时期（公元前 300 年前后），中庭式和庭院式

---

① 张汀，张玉坤，王丙辰. 古希腊与古罗马传统民居建筑中的庭院探析. 山东建筑工程学院学报，2004，19(1)：36－39

住宅开始在古罗马合而为一。其形式颇似两进的四合院，前面为比较封闭的中庭部分，后面在原来的后院位置上安置了古希腊的庭院，这种住宅模式被称为双庭式住宅（见图 1.3）。双庭式住宅前侧的核心是中庭，它周围通常排列着小型起居室、辅助性耳房、厅堂以及对外开放的店铺。后面的庭院常常建成花园式，内有水池，四周环以柱廊，各厅室的门都朝着柱廊开①。

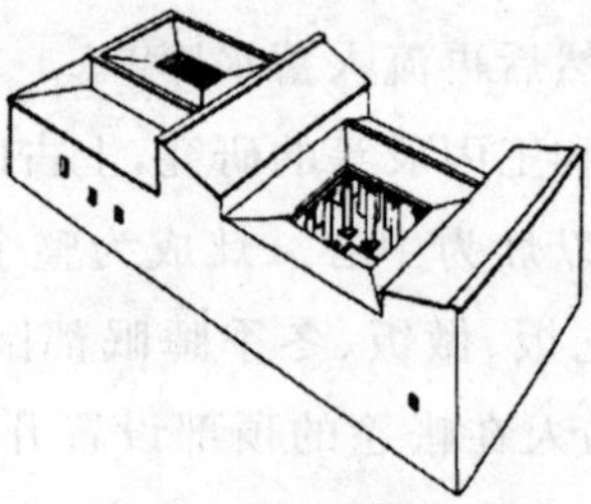

图 1.3　双庭式住宅

（4）皇家宫殿和别墅

尼禄（Nero，公元 37—68）是以昏庸残暴而臭名昭著的罗马帝皇，但也是罗马建筑史上最重要的建筑保护人之一。占地面积达 130 多公顷的豪华黄金宫便是他于公元 64—68 年在罗马的埃斯奎利尼山的山坡上建造的。宫殿的平面采取了海滨别墅的布局，长长的柱廊背后是一层平台，其上的建筑群俯视着山下的人工湖。湖的四周点缀着神庙、喷泉、浴室、亭阁等景观建筑。

在这组建筑群中，最令人赞叹的是东翼中央的那间加圆顶的八角形大厅（见图 1.4）。八角形拱顶实际上就是一个圆顶，像后来的万神庙一样通过圆顶中央的大圆孔采光。它的室内有五条边，分别通向加拱顶的长方形房间，而这些房间是通过上面环绕着圆顶外沿的一圈隐蔽的采光井来采光的，表现出八角形大厅在组织空间中的核心作用。

---

① 张汀，张玉坤，王丙辰．古希腊与古罗马传统民居建筑中的庭院探析．山东建筑工程学院学报，2004，19(1)：36－39

图 1.4　黄金宫八角形大厅

2. 古罗马公共建筑中的中庭雏形

(1)巴西利卡中的中堂

巴西利卡(basilica)是罗马城市广场上最重要的公共建筑,是一种加盖了屋顶的市场或广场。室内巨大的空间由两道或多道柱廊分割,中央空间的两侧上部开有高侧窗以便采光。

罗马城里最早的巴西利卡可能是位于罗马广场北侧的艾米丽亚巴西利卡,年代为公元前 179 年。它类似于希腊时代的柱廊,有一个两层 16 个开间的柱廊立面;但它不同于柱廊的地方是,内部有一个从高侧窗采光的中堂,是执政官用作办公的地方。

罗马保存下来的最大也是最后一座巴西利卡，是君士坦丁巴西利卡(Basilica of Constantine)(见图 1.5 和图 1.6)。该巴西利卡位于罗马广场与圆形竞技场之间，是古罗马大型建筑之一，向我们演示了混凝土拱顶所能创造的宏大空间概念。它由皇帝马克森提始建于公元 307 年，后来建成于君士坦丁时代。在这里，高大的中堂长 80 米，宽 25 米，划分为三个开间，混凝土交叉拱顶高 35 米。中堂两侧都建有侧堂，每个侧堂上覆盖三个筒形拱顶，在高度上低于中堂，以抵挡中央高大拱顶的侧推力。现保存下来的只有北侧堂，但它同样表现出了惊人的规模与堂皇的气派①。

图 1.5　君士坦丁巴西利卡的北侧堂

(2)教堂中的中堂和庭院

早期基督教的纵向式教堂中，巴西利卡是最常见的类型。巴西利卡式教堂平面一般为长方形，入口一般位于西面，室内的主空间称为中堂，是容纳大量信徒的空间。教堂西入口处，还建有前廊，室外有一个由柱廊环绕的庭院，称为中庭。

① 陈平.外国建筑史.南京:东南大学出版社,2006:122

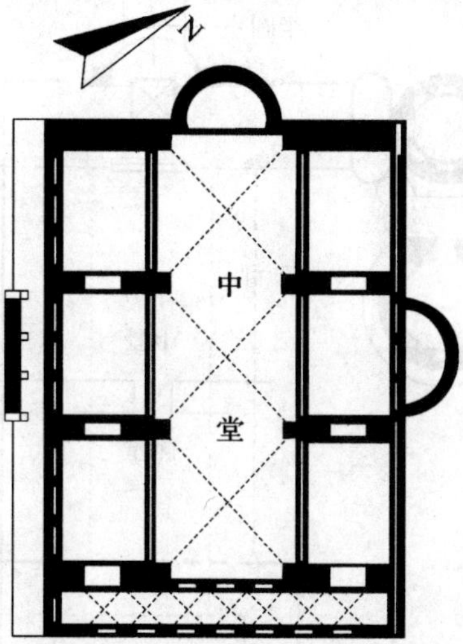

图 1.6　君士坦丁巴西利卡的平面图

例如，图 1.7 所示的是圣彼得教堂，因后来重建过了，故称最初的建筑为"老圣彼得教堂"（Old St Peter's）。它是一座用于礼拜仪式的大型教堂，它的巨大的室内空间正是为适应大量教徒对圣徒的狂热崇拜而创造的。老圣彼得教堂的外观很朴素，但室内装饰十分豪华，壁面以大理石、壁画、镶嵌画装饰，华丽的柱头取自古罗马建筑。

(3)陵庙和神庙中的中庭雏形

罗马最有代表性的集中式建筑是圣康斯坦察陵庙（S. Costanza）（见图 1.8），是为君士坦丁的女儿修建的一座皇家丧葬建筑。它的平面为圆形，室内一圈柱廊将中央空间与外侧一圈回廊划分开，柱廊由 12 对组合式柱头的双圆柱组成。外侧的回廊上部覆盖着筒形拱顶，贴有精美的马赛克镶嵌画。在中央结构之上建有圆顶，环绕着圆顶鼓座开有一圈圆头窗。这种圆形柱廊、圆形回廊、圆头侧窗，再加上中央圆顶的结构，体现了中庭中间的雏形。

罗马的建筑师热衷于发展先进的混凝土拱顶技术。罗马人利用混凝土材料与拱券相结合的构造技术，创造出了拱顶与圆顶体系。由哈

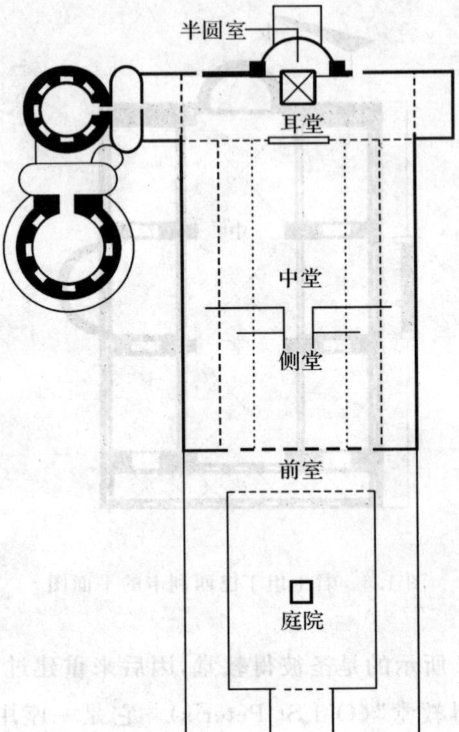

图 1.7　老圣彼得教堂的平面图

图 1.8　圣康斯坦察陵庙

德良赞助建造的万神庙便是这种罗马建筑的象征。万神庙建于约公元118—125 年，是古代建筑中保存最完好的一座。万神庙代表了罗马混凝土技术发展的最高成就，万神庙圆顶的跨度达 43.2 米，创造了当时最大的圆顶空间（见图 1.9）。

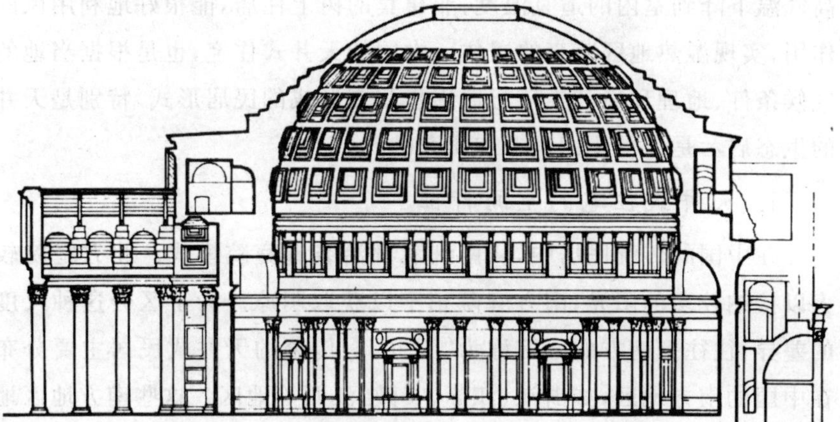

图 1.9　万神庙的剖面图

万神庙的室内比例十分协调，因为圆顶的直径正好与地面到圆眼窗（oculus）的高度相等。站在大天窗的下方环顾四周，可以清晰地看到三个层次：底层是一系列向里凹进的壁龛、拱门和小礼拜堂，其虚实相间的节奏消除了圆形墙壁的沉重感；中间一层是相交替的装饰镶板与假窗；第三层便是巨大的圆顶高高升起，弯隆上以藻井（coffering）来装饰，创造出一种虚幻玄妙的透视感。为了逐渐减轻圆顶的重量，从下至上的各层分别采用了石灰华、凝灰岩、砖等重量不同的石材，最顶部用最轻的浮石（pumice）构建了直径 8.5 米的圆形天窗。阳光从顶部巨大的圆眼窗中照射进来，形成了耀眼的光柱，随着时间的推移，光斑在地面、墙壁与弯顶之间缓慢地移动，让人感受到与天堂相沟通的神秘氛围[①]。

① 陈平. 外国建筑史. 南京：东南大学出版社，2006：131

1.1.3 中国传统住宅中的“天井”

在传统的地方民居中，人们在长期的生活实践中，创造并传承了各种适应不同气候条件的居住形式。例如，伊朗的通风塔可以把外部的高气温下降到室内的适宜温度；菲律宾的树上住居，能很好地利用风的作用，实现湿热地区凉爽的居住。中国的天井式住宅，也是根据当地的气候条件、地理环境和生活习惯逐步演变形成的民居形式，特别是天井的生态启示是值得我们思考和研究的。

1. 天井式住宅的空间特征

在中国的传统民居中，从南到北都沿袭着庭院模式。北方庭院较大以接纳较多的阳光，南方庭院稍窄以获取阴凉。为了区分这种尺度的差异，往往把南方的庭院称为“天井”。传统的天井式民居主要分布在中国的南方地区，如浙江、江苏、安徽、江西等地区。这些南方地区地少人多，为了节约用地，住宅与住宅之间间距非常小。为了保证住宅的私密性和安全性，外墙一般高大，且很少开窗。所以，需要在住宅内部设置各种不同功能的天井。

天井给我们的印象是面积很小，光线较暗，状如深井。《辞海》中对建筑天井的定义主要从天井的平面组成而来，是指“四面房屋或三面房屋和一面围墙中间的空地”。依此定义来看，天井至少应该由三面房屋以上来围合，可见天井与内部使用空间关系密切。

天井一般有方形天井和狭长形天井两种。方形天井也常常被说成是传统建筑的“气眼”；狭长形天井以天井横向布置为多，与明堂、厅堂融为一体。例如，聚族而居的徽州民居，选址巧妙、讲究风水，是天井式住宅的典型代表。粉墙黛瓦以及层层叠叠的马头墙是皖南民居的外部群体形象，其内部布局最具特色且集数种功能于一体的空间元素就是天井（见图 1.10）。

2. 天井的尺度

一般而言，天井为露天，处于房屋或走廊的围合中，可以看作是界于室内和室外的灰空间。天井含有“井”的内涵，自然尺度较小。从天

图 1.10　皖南民居中的方形天井和狭长形天井

井的布局来看，天井常常和室内空间融为一体，因而天井采用的是室内的尺度，其种植、铺地、陈设等力求以小见大，是近距离观赏的尺度，和非室外的空间感。而院落是室外的尺度，院落的四周一般比较开阔空旷，给人的是一种置身于自然中的感觉。

例如，徽州民居的天井一般位于单进或多进房屋中的前后正间之间，两边为厢房包围，宽与正间同，进深与厢房等长。一般狭长形天井的纵向尺度为八尺左右，不超过一丈，横向两端伸至次间，中部形成长条状，纵横比约 1∶4 到 1∶5。

天井的尺度不仅有平面的绝对尺度，还有其高宽比这一相对尺度。一般而言，从心理感觉来说，传统民居中的天井常常是竖向高耸的，其高宽比多数在大于 1 小于 2 之间。

3. 天井的生态功能

采用天井式住宅的江南地区一般四季分明，夏季炎热，冬季阴寒，春季多梅雨。天井和室内空间基本开畅，能将自然引入室内空间，除了能美化宅内空间外，还具有通风、集水、采光和遮阳等生态功能。

(1)通风

由于天井的尺度很小，一般在传统天井式住宅中根据需要设置多个天井。由于高耸的天井受太阳照射少，比较阴凉，可以冷却空气；冷却后的空气就流向温度较高的室内，形成凉爽的自然风。天井既是引风口，又是出风口。风从天井吹向厅堂，进入通道，从后天井或侧天井回归自然。江南传统民居中，面对天井的常常是大面积通高木门，通过可拆卸设计与内部空间相结合，形成穿堂风来获得通风降温的效果。根据实测调查，尽管皖南地区夏季室外温度达到 37～38℃，夜间也有 25℃左右，但传统民居可以将日间室内温度基本控制在 31℃左右，夜间也能接近室外温度。

另外，四面皆为两层房屋围合而成的天井高而窄，具有近似烟囱的作用，能够排除住宅内的尘埃与污气，增加内外的空气对流。天井正是利用了空气动力学的原理，冷空气从地面进入，暖空气从空中跑掉，自动调节了气温，起到了天然空调的作用。

(2)排水

天井四周房屋的屋顶皆向内坡，下雨时四周屋面流水经屋檐的落水管排入天井，再经天井四周地沟排入沟渠，即所谓的“四水归堂”，有聚财的吉祥象征(见图 1.11)。其构造做法是屋顶四面的屋檐或墙壁瓦顶归向院内披水，形如井口，其内部地面则铺设石板，置水池、留沟槽。天井内的明塘、暗沟、小水池或大水缸等排水、蓄水系统，取用方便，调节了室内湿度和温度，改善了生态环境，也解决了木结构建筑的防火问题，使住宅冬暖夏凉，更适合居住。

(3)采光和遮阳

由于江南民居在外墙上只有很小的窗户，天井四面房屋的门窗都开向天井，房屋的采光基本来自天井。在江南传统民居中，天井与大面积的门窗为房间内部提供了充足的日照；同时，还在天井四周设置挑檐来避免夏季直射阳光，并保证冬季能因檐部的挑起满足室内的日照需要。采光和遮阳是一对矛盾，天井的尺度和形态控制一般遵守以下原则：

首先，天井的设置保证堂屋有充足的光线；其次，挑檐能在冬季加强采光又能在夏季避免直射阳光；最后，传统民居门窗一般都比较大而且可以拆卸，在夏季保证了通风和避免直射阳光，而在冬季则可完全打开保证充足的日照，使得人们在一年四季都可在房间内获得比较舒适

图 1.11　天井住宅的“四水归堂”式排水

的光照效果。

天井虽然通风和采光效果较好，但直射阳光的辐射热将产生高温，所以必须采取遮阴措施。有些天井采取了在夏季阳光强烈时封闭天井遮阴，阴天时开启天井通风的方式。

例如，在江西民居中就有开合式天井的构造措施。图 1.12 是临州市自立巷 5 号(慈善堂)徐家的开合式天井示意图。徐家是清代的天井式民居，坐西朝东。天井中的东西厢房，屋檐面宽在厅堂檐柱之间。东西厢角柱比厅内檐柱各高出约两尺，利于次间正房采光。上堂入室从两厢檐下经过。厢檐下分设两根导木，导木一端连接在檐柱上，另一端支撑在前厅屋面的挑檐上，避免日晒雨淋，防止朽坏过快。导木上安放活动格栅，格栅下安装活轮在导木上移动。格栅上面蒙上浸过桐油的绵纸多层，简陋一点就在上面盖上竹席。格栅自重轻，用两根竹竿拨动比设绳索拉扯更方便。闭合时可以防止阳光直射，开启时可以通风向阳。这种以整体式格栅开合天井的做法，在附近汝东园一带民居中也可以看到①。有些民居为改善天井阳光辐射热及防雨水，采用玻璃天窗或活动或固定、或格栅式等用来调节日照，达到更好的隔热、防雨效果。

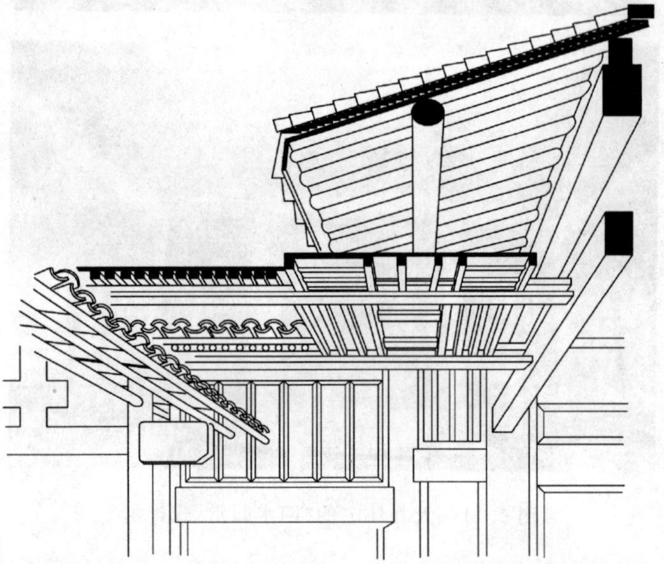

图 1.12　临州市自立巷 5 号(慈善堂)徐家的开合式天井示意图

① 朱贺.传统住宅天井的研究与探析.西南交通大学硕士研究生学位论文,2006:49

1.2　现代中庭建筑的产生

1.2.1　温室的启发

欧洲早在 19 世纪就出现了温室，它利用了太阳能可以穿过玻璃却不易溢出这一规律。虽然建造四季如春的温室的代价相当昂贵，但温室演变为小型暖房也渐渐开始和建筑结合起来了。19 世纪前期，那些富有创造性的建筑师们利用钢铁和玻璃，建造了既堂皇、又采光良好的暖房空间，各地出现了许多使用大量玻璃材料的建筑。

1806 年，约翰·纳什(John Nash)运用这种新技术为在什若普郡的艾庭汉公园的一个画廊加了玻璃顶。1837 年，查尔斯·巴瑞(Charles Barry)在帕尔林荫大道的伦敦改良俱乐部，为豪华的大厦庭院加了一个顶盖。1849 年，由约翰·坎宁汉姆(John Cuningham)设计的利物浦海员之家建成。该建筑有一个五层高的玻璃顶庭院，所有的房间都环绕这个庭院，是一个真正的中庭旅馆。到了 19 世纪中叶，随着技术的进步，人们能够建造更宏大的空间，也激励了建筑师们把传统的建筑包围在大中庭的周围，在车站、人行道拱廊和商业建筑中出现了很多从温室演变而来的玻璃中庭。

1.2.2　第一代现代中庭建筑

19 世纪后期至 20 世纪初，建筑师们不断地通过使用玻璃材料来创造独特的空间。例如，1899 年，通高的中庭出现在芝加哥的十三层商会大厦中，鲍曼和赫尔(Bauman and Heuhl)采用钢制畅廊来联系办公室，但电梯、楼梯等交通功能还位于中庭的外面。1903 年，乔治·威曼(George Wyman)在洛杉矶设计了布拉德伯里大楼，敞开的铁制电梯笼和楼梯塔被设置在中庭内，给交通空间带来了戏剧性的突变(见图 1.13)。四层高的玻璃中庭内还设置了大棕榈树和蕨类植物，真正把室外环境的概念引入到了室内中庭中来。

图 1.13　布拉德伯里大楼(Bradbury Building)

20 世纪初,两位伟大的建筑师相当谨慎地引用了中庭概念。伯拉杰(Berlage)在布尔斯设计阿姆斯特丹股票交易所时,采用了人们喜欢的火车站式大天棚,用敞廊把办公室联系起来,从上面可以俯视天棚式中庭的交易情况。

弗兰克·劳埃德·莱特在纽约州的布法罗市设计的拉金大厦(1904 年)也发展了中庭概念。莱特把四层的办公室围绕一个顶部采光的中庭布置,中庭的屋顶使用了双层结构,在网络状水平顶棚的上面覆盖了一层斜面玻璃折板。中庭四周的每层都设置了浅色的窗台用来储存文件,同时可作为反光板,向中庭底层的办公空间反射光线(见图 1.14)。

到了第一次世界大战以后,玻璃中庭的发展变得缓慢,取而代之的是北美摩天楼和欧洲现代建筑的快速发展。但弗兰克·劳埃德·莱特一直在致力于创造流动的中庭空间。

图 1.14　拉金大厦的中庭

图 1.15　约翰逊制腊公司总部的中庭

莱特设计的在威斯康星州雷斯因的约翰逊公司总部(1936 年),有一个顶部采光的中庭空间。该中庭的结构本来是完全可以用钢桁架跨越的,但莱特别出心裁地采用了自承重的支柱。这些白色颀长、上大下小的混凝土柱子组成了受力系统,每个支柱上部是 18 英尺直径的圆盘,圆盘之间的空隙用组成图案状的玻璃填充,让阳光柔和地洒进中庭(见图 1.15)。

可以说,第一代现代中庭的主要表现形式是庭院和采光玻璃顶的结合,形成一个亮丽的中心庭院。整体而言,从第一次世界大战后到 20 世纪 60 年代,北美的摩天大楼和欧洲的现代建筑不断推陈出新,而现代中庭建筑的发展相对缓慢。

1.2.3　第二代现代中庭建筑

1959 年英国比尔肯特公司发明了浮法玻璃,由此完成了现代的平板玻璃生产方式。由铁、玻璃和混凝土为主要角色的现代主义建筑在 20 世纪 60 年代迎来了新的发展契机。

1967 年,约翰·波特曼设计的佐治亚州亚特兰大市的海特·摄政旅馆建成了。在这个建筑中，波特曼设计了一个 22 层高的加顶庭院，并把这种空间首次正式命名为中庭。这是一个充满生活气息的共享空间，又像是一个公共广场，中庭底层设有喷泉、绿化、雕塑和座椅，给入住者提供了交流和活动的空间(见图 1.16)。

图 1.16　亚特兰大海特·摄政旅馆的中庭

从亚特兰大海特·摄政旅馆的中庭到底特律文艺复兴中心旅馆的中庭，波特曼一直致力于将中庭塑造成一个室内化的城市生活舞台。波特曼将一些室外城市生活的内容，如散步、逛街、交谈、坐露天咖啡座、观看人群等活动带入了中庭空间。此外，中庭还采用了室外铺地做法，设置了绿色植物、水面、雕塑和各种饰物，创造了一种吸引人的快乐气氛，是一个没有噪声、没有烟尘的室内化城市广场。

这种带有城市化、集市化的中庭构思，满足了人们想打破现代建筑单调乏味，以及对未来城市空间多样性的追求。大量的绿色植物、明亮的光线、流水，及其带来的色彩和肌理，能将一个枯燥的空间转变成富有生命力的场所。所以，20 世纪 70 年代以后，中庭以各种理由再度出现，并得到迅速发展。

如在纽约市，凯文·罗奇(Kevin Roche)和约翰·丁克罗(John Dinkeloo)在 1967 年完成了福特基金会总部，一个内向的“L”形 12 层办公楼与一个楼梯间和两片大玻璃墙围合成了一个花园中庭(见图 1.17)。顶上两层环绕着下面的花园，中间留出一个采光口。该作品呈现的壮观的入口花园和向心的办公室布置是之后办公建筑中庭发展的标志之一。

图 1.17　福特基金会总部的中庭

由此可见，波特曼创建的第二代现代中庭，其特征是以一个大型建筑内部空间为核心，综合多种使用功能，利用天然采光，引入自然构景要素，着意创造环境和气氛的大型室内场所。波特曼并不是发明了中庭，而是在高层建筑领域里重新诠释并复兴了中庭空间。在这里，人们可以彼此观望、随便交往，给人们提供了一个社交中心和公共活动空间。

第二代现代中庭正是迎合了人们的心理和精神需求，随之而来的商业成功，又保证了中庭的大力发展。随着人们对城市生活和公共交往空间的日益重视，中庭在世界各地的高层办公建筑以及大中型公共建筑中的地位显得日益重要。特别是现代中庭建筑在当代形式各异的公共建筑中，得到了多元化的快速发展。

1.3 现代中庭建筑的多样展开

1.3.1 核心功能的多元化

1. 以采光、通风为核心的服务型中庭

采光和通风是满足建筑使用功能的基本条件。浅进深、室外空间开阔的建筑一般通过外立面开窗就可以较好地满足采光和通风的要求。但由于城市用地的特殊状况，很多区域的建筑密度很大，建筑单体的进深较大，周边环境比较拥挤，有很大一部分室内空间采光较弱或没有自然光线到达，内部通风也不再能依靠水平方向的空气流通。这时，就有必要设计一个尺度适宜的中庭来解决这些基本功能问题。可以说，大部分设置中庭的普通公共建筑，其主要目的都是为了更好地满足采光和通风的需要，这种中庭空间以保证其他使用空间的良好室内环境为主。

2. 以休憩和交往为核心的使用型中庭

现代中庭是能避风、遮雨和改善微气候的室内空间，提供了一种在各种气候带都能应用的全天候公共空间。提供良好的休憩环境，促进交往是中庭空间的魅力源泉之一。有较多的公共建筑常常需要一个能同时容纳很多人活动和交流的自由空间。这时，设置一个明亮、舒适的中庭是一个较好的选择。中庭内部有充足的光线、丰富的植被和新鲜的空气，其半室内半室外的空间特征给人以独特的感受，并影响人们的行为状态，能让人随意停留，促进交往，是一个绝好的公共交往中心。同时，这样的中庭一般还具有其他使用功能，如作为交通空间、餐厅、休息、展览、表演、商场用地等，这些功能进一步促进了中庭的交往。

如图 1.18 所示为琦玉县立大学的中庭式数码廊。该大学是一个

图 1.18　琦玉县立大学的中庭式数码廊

集看护、福利和医疗于一体的综合大学，设计师山本理显提出要在保健、医疗、福利等各个学科提倡密切的联系和交流。所以，各学科不是以独立单位来构成，而是全体学科形成整体布置，形成两栋综合楼，分别为三年制的短大栋和四年制的大学栋。各个学科的实验室、图书馆等全部放在一层和地下层，形成共享的公共中心。在从室外大平台进入综合楼内的各个教室和研究室以前，都需要经过一个叫做数码廊的高大中庭空间，这是一个半公共中心，是促进各个专业学生和老师交流的极好场所(见图 1.19)。

3. 以抽象表现为核心的表现型中庭

表达空间的精神，传递艺术的美感，一直是建筑表现的重要内容。中庭空间作为一种重要的建筑语汇，可以强化许多光影、质感对人的影响，在表达建筑的精神性和抽象性上有着重要的作用。中庭的抽象表

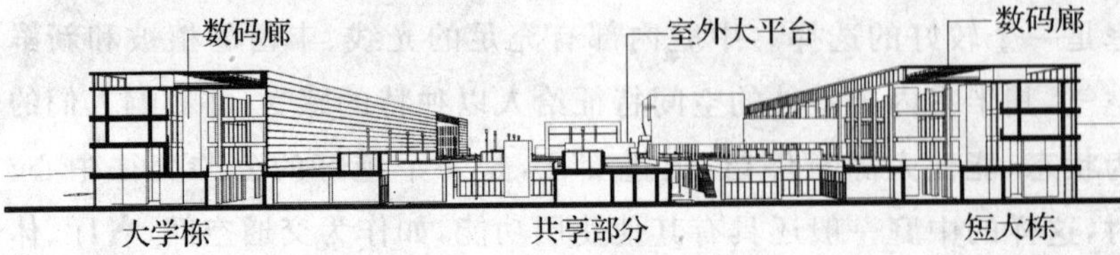

图 1.19　琦玉县立大学的剖视图

现功能在于中庭能唤起人们的思想意识，激起人们的文化活动，创造一定的文化氛围。

例如，美国著名建筑师富兰克·盖里(Frank Gehry)设计的柏林DG银行，就是通过塑造独特的中庭空间，来表现建筑的精神和抽象特征。柏林DG银行位于柏林巴黎广场，紧邻著名的布兰登堡门。按照城市规划的要求，新建建筑的外观必须与周边的古典建筑与环境相协调。为此，以扭曲、张扬的建筑表现而著名的盖里，采取了外部立面设计内敛，而以内部空间表达设计思想的策略。盖里在入口处设置了一个大型采光中庭。中庭的采光屋顶结构采用由一个双曲面的三角形网格组成的空间网架结构，在内部再现了一个灵动、自由、开放和多元的世界，取得了极强的艺术表现力(见图 1.20)。

1.3.2　现代中庭空间的价值

1. 商业价值

现代中庭空间有着室外化的空间尺度、新鲜的空气、各种绿色植物，为人们提供交流和感受自然的场所。中庭空间这种得天独厚的物理条件，使得中庭空间具有吸引人流、促进商业活动的特征。因而，在大型商场到处可见中庭的踪影。

对于大面积的商场，中庭的出现使交通组织得以很好地实现。同时，中庭形成明确的空间中心，成为感受周围商业环境的通视场所，并为在大型商场中的方位感提供了依据。在大型商场中，顾客往往在封闭式的大面积营业厅内会感到购物压力，易使视觉疲劳。中庭空间转

图1.20　柏林DG银行的中庭

换空间气氛，为人们提供空间坐标，使人具有安定感和放松感，购物成为乐趣，如图1.21所示为柏林商业中心的中庭内景。

在寒冷或者炎热的季节，商业区中设置的中庭常常为人们提供了一个防御寒冷或者炎热的步行环境，并把主要商店和办公楼联系起来。在商业建筑之间的空间上加建玻璃屋顶，不但能够创造比较舒适的“外部化”公共空间，而且能够降低邻近建筑的能耗。

通常，围绕在中庭周围的空间是直接需要的，而中庭空间是一种额外的奉送，围绕中庭的商店和办公室能比一般的更快被租出。并且，和大进深的建筑相比，采光中庭建筑能改善和促进周边房间的自然通风和天然采光，节省空调和照明费用等。所以，中庭的建设费用虽然比一

图 1.21　柏林商业设施中的中庭

般建筑要高一些，但其赢利能力常常也较高，综合而言仍具有一定的商业和经济价值。

2. 有效的土地使用

1966 年 4 月，勒斯里 · 马丁(Leslie Martin)教授和里奥内尔 · 马奇(Lionel March)出版了《土地的使用和建造形式》(剑桥大学出版社)。书中对庭院建筑形式和塔式建筑形式进行了比较，表明像塔式建筑那样退入基地界限内，将空间向高处堆积起来，其实是浪费了土地和能源。而像庭院或中庭建筑，在相应较低的建筑物里，通过把建筑空间安排在基地的周边线上仍能提供相同的使用空间。

所以，欧洲传统的街区住宅，就是沿着道路周边建造，这样会得到一个较大的庭院和低层建筑。和高层塔楼相比，沿街布置建筑物能提供空间、阳光、绿地，而且花费较少，具有宜人的尺度。基于这样的理论，欧洲反对把高层建筑大量应用于住宅和城市中心的开发，设计师们也明白在一块紧凑基地上建造中庭建筑的可能性和优越性。

同时，在体积一定的情况下，建筑的平面进深与层高之间有一个权衡的问题，浅进深能带来低的层高，大的进深会增加层高，从而在限定高度内减少层数；因此，中庭的出现未必会减小建筑物的容积率，它自身的体积可能会由于层高较低带来增加的层数而得到补偿，这需要在具体的设计中进行精确的计算。

3. 对城市空间的贡献

城市是由分散的建筑组成的，人们往往把建筑作为“图”，而公共空间只是“遗留”下来的“底”。城市首先出现在地中海的温和气候区，那里的露天街道、广场往往和建筑物一样舒适。广场借助于城市道路的交汇点而产生，具有强烈的聚集性，四周往往集中了纪念性和公共性的建筑；广场及其周围的柱廊成为市民休息、约会、自由集合的主要场所。此时，广场四周的敞廊除了具有交流和商业功能外，还给人们提供了遮风避雨的场所，为现代中庭的创造奠定了一定的文化基础。

而在炎热、寒冷和潮湿的地区，由于建造城市空间的方法几乎和温和气候区没有多少不同，那些城市的室外公共空间变得不舒服，甚至很难使用。所以，人们尝试用柱廊、雨篷等来遮阳、避雨和挡雪，或者用绿化来遮阴，以保持室外公共空间的舒适性。一些发达城市出现了一系列大型中庭或拱廊式建筑，这些有顶遮蔽的城市空间极受欢迎，有些中庭起到了城市中心的作用，承担起了各种仪式的职能，甚至带动了城市复兴。建筑与建筑之间的大型中庭空间为行人增加了舒适的步行空间，这些中庭往往成为通道或者节点，成为最受人欢迎的城市空间。

例如，纽约市中心的花旗集团中心中庭像一个街角小公园。它是由休·斯塔宾(Hugh Stubbins)和埃默瑞·路思(Emery Roth)在 1978 年设计完成的。花旗集团中心位于列克星敦林荫大道和 53 大街的交叉口，是纽约市最雄伟的摩天大楼之一。在功能上，该建筑包括第一花旗银行使用的 59 层高层办公大楼、教堂、带中庭的多层零售商店、餐馆和一个绿化庭院广场。该中心极具特点的是，其基座是用四根抗风架构方柱体架起，使建筑凌驾于街道平面上，形成了一个高大、开敞、流动的城市中庭空间，富有创造性和现代感(见图 1. 22)。中庭内部的设施和功能满足了人们丰富多彩的城市生活需要，给曼哈顿市中心带来了新的气息，为人们创造了一个与城市结合的新型室内广场。

图 1.22 纽约市花旗联合中心的中庭

4. 在城市更新中的作用

在尊重城市历史和地域文化的城市更新中，需要对较多有历史价值的建筑物加以保护和尊重，中庭构想在各种老建筑的保护和利用方面起到了很好的作用。例如，很多老建筑的庭院被改建成带玻璃顶的中庭；或者现存进深很大的老建筑将中间挖空增加中庭，建成实用的浅进深空间；还有新老建筑之间用中庭相联系来保存老建筑的立面等。

例如，荷兰 Delfet 大学建筑系馆就是把原来的室外庭院通过加建玻璃顶改造为中庭（见图 1.23）。日本东京火车站在持续不断的城市更新中，把中庭作为新老建筑的连接体，这些中庭空间能够提供除了功能以外的社会和文化的吸引力，是东京城市更新的有效方法之一（见图 1.24）。

图 1.23　Delfet 大学建筑系馆由庭院改造的中庭

图 1.24　日本东京火车站城市更新中形成的中庭

1.4 中庭高能耗的反思

1.4.1 巨大化、透明化的倾向

随着建筑技术的提高和人们对生活品质的要求，建筑设计越来越关注空间的舒适性。特别是在现代化程度越来越高的城市中，人们更加渴望在由钢筋、混凝土和玻璃组成的城市空间中能有良好的感受。20 世纪 70 年代以后，出现了大量全面覆盖玻璃的高层建筑，大体量的中庭在高层建筑、玻璃建筑中也紧随着不断出现。特别是 20 世纪 80 年代以后，随着大跨度建筑技术的不断成熟，以及世界经济的整体复苏，中庭空间的体量和尺度也变得越来越大。

例如，中国香港汇丰银行总部大楼于 1983 年 1 月破土动工，1986 年 4 月正式交付使用。以 10 亿美元的造价追平世界最高造价记录而成为建筑界讨论的焦点。这座银行建筑拥有一个公共的底层、一个私密顶层和由半私密半公共空间组成的中间楼层。在建筑的下部，有一个 12 米高的公共步行广场在建筑下面穿过，两部自动扶梯通向主要银行大厅(半公共空间)和 10 层高的巨大中庭，由 3 部设在西立面玻璃电梯井里的高速电梯可到达银行的主体。

诺曼·福斯特(Norman Foster)大胆取消用梁柱支撑内部的传统做法，建筑悬挂在排成三跨的四对钢柱上，在整个高度上，五组两层高的桁架将钢柱连接起来，而楼层就悬挂在桁架上。大厦将建筑结构完全开放，开创了高层建筑设计的新里程。通过钢结构和玻璃材料的应用，并结合新颖的结构设计，造就了汇丰银行赏心悦目的中庭空间(见图 1.25)。建筑和结构技术的突破使得巨型中庭空间特色鲜明，展现了简洁明快的结构构件，柱、拱和桁架等构成的中庭空间成为可以相对独立的艺术空间。

大型公共建筑也是如此，图 1.26 所示是东京国际文化中心的巨型中庭，也是结构和装饰、技术和艺术的结合。该类中庭反映了 20 世纪

图 1.25　香港汇丰银行总部的中庭空间

80 年代到 90 年代初建设的空间高、体量大以及具有大面积的玻璃屋顶或玻璃幕墙的大尺度中庭空间。

1.4.2　高能耗的反思

大尺度、大玻璃的中庭空间可以营造室内外流通的良好视觉效果，但也导致采暖和制冷能耗的大大升高。尤其是在夏热冬冷地区，年温差巨大，冬夏两季的气候条件都很极端，许多中庭建筑在冬季保温隔热性能很差，夏季又没有遮阳及有组织的通风措施，从而导致大量的能耗损失，中庭往往成为建筑中单位面积耗能最大的部分。

人们在享受四季如春的中庭的同时，也体会到过分宽敞、明亮和舒适的中庭常常要耗费大量能源来用于中庭的换气、取暖和制冷等，人们

图 1.26　东京国际文化中心的巨大中庭

逐渐体会了中庭能耗问题的严重性。到了 20 世纪 80 年代末，人们意识到依赖能源消耗来达到的舒适是令人担忧的，开始了对现代中庭建筑的反思。

人们开始希望摆脱技术依赖，尊重自然和环境，提倡可持续发展。

传统庭院以及天井，都是通过建筑布局和尺度的精细设计来调节气候，达到相对舒适的环境。庭院和天井作为中庭的雏形，利用建筑形态设计来最大限度地利用自然通风和自然采光。这些传统的、具有地方特色的被动式建筑语言，是我们在设计中庭建筑中应该继承的宝贵财富。

第2章 现代中庭建筑的再认识

从第1章的论述中可知，中庭的空间形态和空间品质一直以来受到建筑师的极大关注，而对中庭的节能意识相对缺乏。在进入低碳社会的今天，建筑师不能一味被动地应付节能，而是要充分利用一些独特的建筑形式，采用一些巧妙的方法，来减少中庭建筑的能耗。本章把中庭作为生态交换空间进行再认识，并提出中庭节能的主要方向。

2.1 作为生态交换空间的中庭

2.1.1 室内外的缓冲器

中庭空间对建筑的布局和形态设计都有很大的影响，一栋建筑也会因为中庭空间的出现而改变其采光、通风等被动式策略。例如，中庭的出现可以有效缓解很多大进深建筑的采光问题；中庭以较小的外表面来缓冲更多的内表面，从而可以有效地降低建筑的体型系数，降低建筑的外墙热工损耗；中庭空间的存在为建筑的自然通风也提供了很多机会，从而影响建筑通风系统的设计等。

中庭作为室内外环境的过渡空间，它的存在使外界环境的变化先作用于中庭，再作用于主要使用空间。通过中庭的过渡，可以减缓室内外的热量交换速度，降低建筑整体的热损失。也就是说，中庭可以用最小的外表面来缓冲尽可能多的内部环境的温度变化要求，是舒适的人工环境和室外环境之间的缓冲器。这种缓冲效应是由于中庭空间包含了庞大的缓冲介质——空气；空气可以吸热，空气流动可以传热，热对这些庞大体积的空气的作用效果是复杂而缓慢的。因此，可以利用中庭的缓冲效应，有效地影响室内空间的小气候。

例如，20 世纪 80 年代在城市更新中较多出现的“街道篷罩”，即在建筑物之间的街道空间上加建采光屋顶形成中庭，为城市设计带来了缓冲空间的生态节能理念。“街道篷罩”的出现，不但能创造比较舒适的外部化中庭空间，并且能较好缓冲邻近建筑内部与外部的热量交换。根据哈斯汀斯和鲁柏格的研究表明：跨越现存的街道上空架设玻璃篷罩，可使街边房屋的热损失减少 57%，冬天这种篷罩可使建筑物正面和街道铺地存贮太阳热量，消除了建筑物内人们进出所带走的空气热损失。在夏日，如果篷罩内的排风机都打开，还可以诱导空气流通①。

在建筑创作中，中庭作为缓冲器的设想也得到支持和发展。例如，1979 年建成的挪威绰容德海姆大学，就是一个较早利用中庭作为缓冲器的实例。该组建筑由建筑师汉宁·腊森设计，三层楼的宿舍排列在由东往西 72 米宽的廊街两边，廊街顶部有玻璃顶覆盖，形成了狭长的中庭空间。夏日，阳光可由位于中庭采光顶上方的黄色织物遮阳帘来遮阳，屋顶排风可以带走热量并导入微风；冬天，中庭作为一个被动式太阳能收集器采暖，提供了一个舒适的社交活动空间。

2.1.2　生态效应

中庭的形状和构造决定了两种自然现象：温室效应和烟囱效应。

1. 温室效应

温室效应是由来自太阳的短波辐射透过玻璃窗而使内部界面升温，而室内向室外的二次辐射是长波辐射不能透过玻璃窗传到室外而产生的。利用温室效应可以获得太阳辐射，减少采暖费用。

2. 烟囱效应

烟囱效应是高低处空气压力不同的作用结果。在任何密闭的容器里，空气总是从较低的开口处流向较高的开口处。与温室效应所加热的空气浮力相结合，在高大的中庭空间里会产生向上的空气流动。

---

① [英]理查·萨克森著，戴复东等译．中庭建筑——开发与设计．北京：中国建筑工业出版社，1990：64

2.1.3 作为生态交换空间

由于中庭的缓冲效应、温室效应和烟囱效应，从 20 世纪 80 年代开始，中庭开始以一种生态交换空间、节能设计手段出现在一些绿色建筑的设计中。因为中庭在建筑空间组合上可以提供多种模式，与建筑的各部分空间形成各种连接，为降低建筑的整体能耗提供多种可能性。因此，在方案设计阶段就要推敲中庭的布局，把中庭作为生态交换空间进行形态优化，发挥其生态效应，从而达到在较少使用机械气候调节手段的前提下，将建筑的微气候调节到接近或满足人体的舒适感受，减少建筑的能耗。

例如，1998 年在荷兰建成的森林与自然研究所，注重中庭形态的综合设计，并恰当地使用一些价廉物美的机械设备，较好地发挥了中庭作为生态交换空间的作用。首先，该建筑对中庭的布局进行了精心安排：总平面呈 E 字形布局，设置了两个大尺度的屋顶采光中庭；这两个带有遮阳设施的采光中庭不仅改善了建筑实体的体量与外立面的比例，相比于同样尺度的建筑，这两个中庭使得建筑实体空间受室外气候干扰的情况非常少，并保证了实体空间充足的自然光照（见图 2.1）。其次，中庭的设计提供了减少冬季供热能耗与防止夏季过热现象的方法：在冬天，漫射的太阳光线迅速加热玻璃顶下的大空间，使其成为一

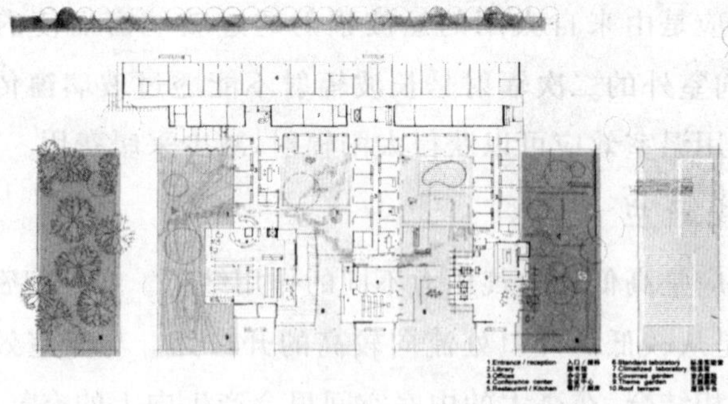

图 2.1　森林与自然研究所的总图

个非常舒适的使用场所;在夏日,太阳辐射增加了中庭内部水池和植物树叶的蒸发作用,从而降低了中庭的空气温度(见图 2.2)。

图 2.2　作为生态交换空间的森林与自然研究所中庭

由此可见,作为室内外环境的过渡空间,中庭是人工舒适环境与室外环境之间的有效缓冲器,建筑师要有意识地把中庭作为生态交换空间,更多地发掘其在提供自然供暖、通风和采光方面的潜力。

2.1.4　中庭的热环境

1. 热环境和热舒适

室内热环境是由空气温度、空气湿度、热辐射和气流速度等参数综合组成的,这些参数的共同作用影响着人体的热感觉。热环境的改善在于控制热环境对人体皮肤热感受器的刺激(如温度、湿度、风速等),使其处于舒适的范围,保证人们从事各种活动。中庭良好的热环境必须具有适当的温度、湿度、必要的风速、新鲜的空气、充足的阳光和不受周围环境热冷的不利影响。

热舒适是在热环境综合作用的影响下人们所产生的主观感觉，是指人们对可以接受的气候条件的主观感受。对热舒适起决定作用的因素，除了人们本身的着装（衣服的保温性能及透气性）、体表温度、活动强度外，就是室内的空气温度、相对湿度、平均辐射温度和气流速度等。因此，中庭室内的热舒适是这些要素综合作用的结果。

相关研究证明，对应于人们主观上可以接受的客观气候条件，存在一个舒适范围。人的皮肤温度大约为32～34℃，当气温在16～25℃，相对湿度在30％～70％范围以内时，人体的热舒适感觉并没有明显的不同。一般情况下，夏季温度控制在24～28℃，冬季温度控制在16～22℃比较适合；舒适的气流速度应小于0.3m/s，但在夏季利用自然通风的房间，由于室温较高，舒适的气流速度可控制在0.3～1.0m/s；当风速超过1.5m/s时，大多数人认为风速太大而不舒适。

2. 中庭热环境的特征

由于中庭比一般建筑的室内空间体量要大很多，围合形式复杂多样，而且玻璃围护结构面积很大，具有以下热环境特征：

(1)中和面效应

由于中庭内部空气压强上大下小，即顶部大于室外，底部小于室外。因此，通常在约1/2的高度存在零压强平面，即在中庭垂直方向上存在这么一点，此处室内外压力相同，通过该点的水平面，物理学上称之为中和面。中和面以下，空气由外向内流动；中和面以上，空气由内向外流动（见图2.3）。显然，只有处于中和面以下的窗洞，空气才由室外流入中庭并由顶部排出；中和面以上的窗洞如若开启，必将成为出风口。

开放式的中庭空间直接与相邻的功能区（走廊、办公室等）连通，中庭的热环境对相邻空间会产生直接的影响。但利用烟囱效应只能对中和面以下的部分房间实现自然通风；中和面以上的上层房间为避免污浊空气的回灌，邻接中庭的窗应关闭，从而影响上部房间的热舒适性。为此，我们应采取措施既要利用中庭的烟囱效应，又要避免中和面效应

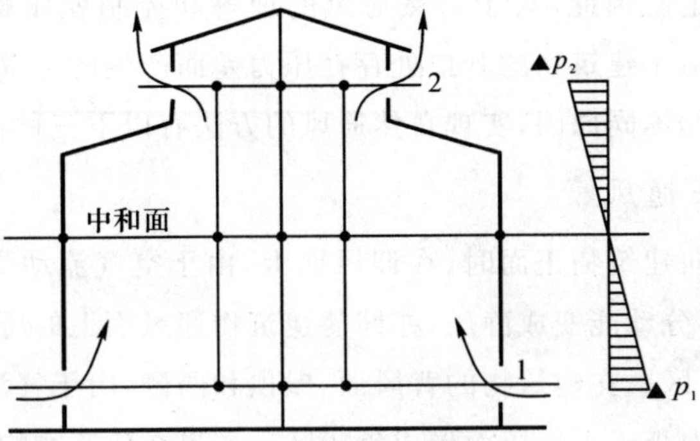

图 2.3　中和面及烟囱效应热压分布图

的发生。

封闭式中庭的人员活动区只能分布在中庭的底部，沿中庭高度方向，没有与之直接相邻的功能区，中庭的热环境和中和面效应不会对邻室产生直接影响。

(2)温度梯度

中庭室内空间存在明显的温度梯度分布特征。热空气由于密度小、重量轻，因而会向上流动，而冷空气则自然下沉；所以，在垂直方向上形成室内温度梯度。高大的中庭空间的垂直温度梯度分布更加明显，热量通常滞留在中庭顶部，而底部活动区域温度会偏低，往往会出现夏季中庭顶部过热、冬季中庭底部温度过低的现象。所以，高大中庭要考虑在冬季可以控制中庭的烟囱效应，防止强冷风的产生。

2.2　中庭的通风与采光

2.2.1　实现自然通风的方法

风可以说是最富有变化的气候因素了，它虽然会随着气候区的不同以及季节的更替呈现出一些大致的规律，但是实际上由于受到场地条件、地形和天气变化等诸多因素的影响，可以说时时刻刻都在变化，让人捉摸不定。因此，对于自然通风的理解和控制就显得非常重要。建筑通风是由于建筑物的开口处存在压力差而产生的空气流动。按照产生压力差的不同原因，实现自然通风的方法有以下三种：

1. 风压通风

当风吹向建筑物正面时，在迎风面上，由于空气流动受阻，速度减小，使风的部分动能变成静压，亦即使建筑物迎风面上的压力大于大气压，形成正压区。在建筑物的背风面、屋顶和两侧，由于气流的曲饶，这些面上的压力小于大气压而形成负压区。如果在建筑物的正负压区都设有门窗口，气流就从正压区流向室内，再从室内流至负压区，形成室内空气的流动。这种现象是利用建筑物迎风面与背风面的风压差而形成的，常称为风压通风。

当室外有风且室外温度低于室内温度时，利用风压通风是一种有效的降温方法。利用风压通风，首先要求建筑有较理想的外部风环境，平均风速一般不小于 3～4m/s；其次，建筑应面向夏季主导风向，以利于形成穿堂风。

2. 热压通风

空气受热后温度升高，密度减小；相反，若空气温度降低，则密度增大，这种热胀冷缩的现象是人们熟知的。这样，当室内气温高于室外气温时，室外空气因较重而通过建筑物下部的门窗口流入室内，并将较轻的室内空气从中庭上部的开口排出去。进入室内的空气被加热后，又变轻上升，被新流入的室外空气所代替而排出。因此，室内空气形成自下而上的流动。这种现象是因温度差而形成的，常称为热压通风，也就是前面讲的烟囱效应。对于室外环境风速不大的地区，烟囱效应产生的通风效果是改善热舒适的良好手段。

但烟囱效应对中庭热环境的影响有正负两方面。在冬季，室内温度高于室外温度，在烟囱效应的作用下，冷空气从底层部分的门窗渗入，带走室内的热量，这将增加室内的热负荷。在夏季白天，当室外温度较高时，此时烟囱效应产生的室内空气的流动方向是向下的，烟囱效应不断将室外的热量带入室内，增加了冷负荷；但在夏季夜晚，当室内空气温度高于室外空气的温度时，烟囱效应则不断将室内的热量带出，降低了冷负荷。

3. 风压与热压相结合

利用热压和风压来进行自然通风往往是互为补充、密不可分的。一般来说，建筑进深小的部位多利用风压来直接通风，而进深较大的部位多利用热压达到通风的效果。但热压和风压综合作用产生的自然通风非常复杂。

许多中庭建筑以自然通风的三种基本方式为基础建立自然通风模式。一般可在单个建筑中采用两种或三种模式混合来满足不同的需要。如图 2.4 为典型的混合式自然通风示意图。

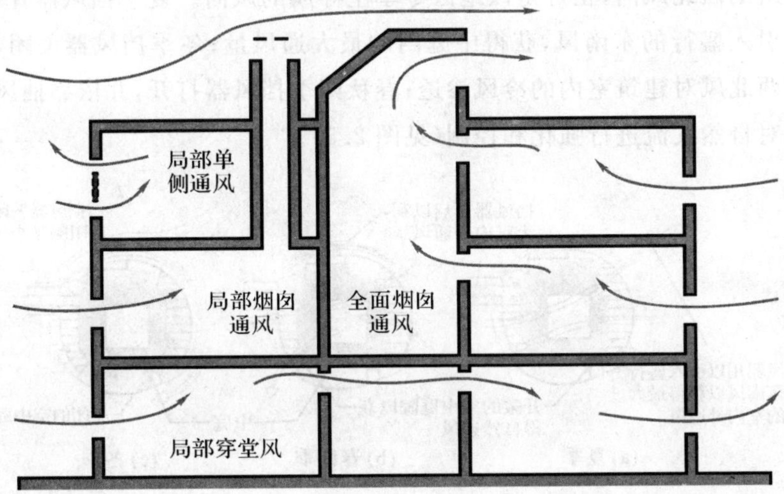

图 2.4　混合自然通风示意图

2.2.2 辅助自然通风的装置

中庭的自然通风有两个固有的不足使其在某些场合不能提供舒适的通风。第一是缺乏气流控制，造成了冬季能量损失和夏季过热；第二是没有温度控制，引起了冬季有风感和夏季室内温度过高。因此，当自然通风不能满足中庭通风的舒适度要求时，就要适当运用一些机械通风设备来辅助自然通风，使得中庭有一个良好舒适的通风环境。这些机械通风设备主要有以下几种：

1. 抽风装置

中庭由于烟囱效应，室内热气上升并聚集在顶部，需要借助机械排风设备有效排出热空气，保证中庭空间的舒适度。常见的是在中庭屋顶设置抽风装置，如风扇和抽气机，来辅助自然通风。

2. 挡风装置

设置挡风装置的主要目的是为了阻挡不利于建筑的冷风渗透，一般设置在建筑的冬季主导风向上。例如，上海军械大厦的挡风器位于建筑的西北风向，正好是该地区冬季主导风的风向。夏季挡风器开启，以引入盛行的东南风，获得中庭内的最大通风量；冬季挡风器关闭，阻滞西北风对建筑室内的冷风渗透；春秋两季挡风器打开，并依靠抽风装置对自然气流进行强化和控制（见图 2.5）。

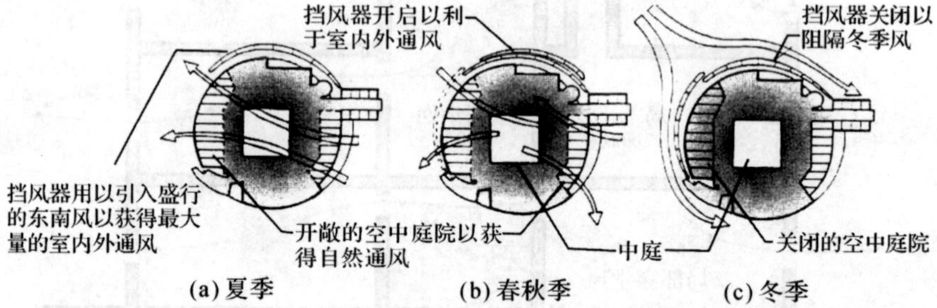

图 2.5　上海军械大厦夏季、春秋季和冬季的挡风器开启状况

3. 捕风装置

在决定中庭的朝向时，考虑较多获得日照的朝向与考虑较多获得通风的朝向有时是矛盾的。这时，可以优先考虑获得日照的朝向，并通过设置高出屋面的捕风装置来捕捉风，并把气流引入中庭来加速中庭

内部的空气流通。捕风装置的开口应该朝向主导风向；在主导风向不固定的地区，捕风装置设计成可以随风向转动。另外，捕风装置内表面的粗糙度会影响气流上升速度，而且不同材料的蓄热性变化对热量吸收不同，也会影响热压通风效应。

4. 预热预冷装置

在中庭进风口设置预热预冷装置，通过调节进入中庭的空气的温度，可以改变空气的流动速度，同时改变室内热环境。

例如，英国新斯拉夫与东欧研究学院是世界上第一座在市中心建造的采用被动式下沉气流制冷系统的公共建筑。该系统减少了建筑受到来自伦敦市热岛效应引起的温度变化。被动式下沉冷却系统由分布在建筑顶部中心采光井周边的一个环形冷却管组组成。如图 2.6 所示，在冬季，新鲜空气从低层进入中心采光井，经过预热之后，在自身的正浮力（温度高于室温）作用下进入建筑各使用楼层，随后上升到周边的通风管组、通风烟囱和双层建筑表皮。在夏季，经室内加热的空气利用其浮力驱动通风气流进入周边的通风管组、烟囱以及双层建筑表皮，同时使新鲜空气从采光井顶部（利用低压气流）进入建筑内部。送风口安装有冷水管道，在年中较热的时候，通过冷冻水循环来降低新风温度，冷而重的空气通过中庭流动，热而轻的室内空气通过建筑周边的通风管组、通风烟囱和双层建筑表皮向上流动，这两种流对实现了建筑内

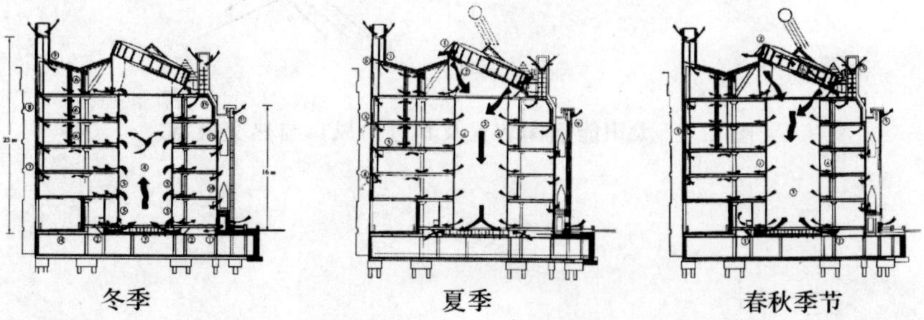

图 2.6　斯拉夫与东欧研究学院的建筑通风示意

部的自然冷却[①]。

5. 太阳能烟囱装置

利用中庭的通风原理，配合太阳能烟囱系统可以提高夏季中庭自然通风的质量。太阳能烟囱系统的具体做法有三种：第一种是在建筑的顶部安装，形状类似于烟囱，表面由太阳能集热管所组成。利用阳光辐射加热集热管内的空气温度，夏季利用热压通风原理带动热空气的上升实现室内空气流动；第二种是利用太阳能转变成动能带动烟囱内风扇运转；第三种是利用太阳能产生电能主动加热热交换器，或利用室内排出的热气被动加热热交换器。新风在经过热交换器进入室内时被加热，这种方式必须保证：进风系统与出风系统同时经过热交换器并分离；为保证排出的废气不从进风口再次倒灌进室内，进风口位置要低于出风口位置，且出风口朝向主导风向的下风向（见图 2.7）。

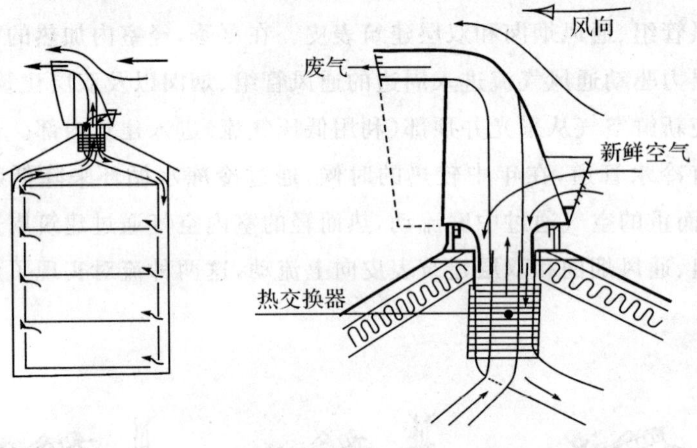

图 2.7 太阳能烟囱装置及其进出风口与热交换器

① 陈飞.建筑风环境——夏热冬冷气候区风环境研究与建筑节能设计，北京：中国建筑工业出版社，2009：174－175

2.2.3　中庭自然通风的气候策略

自然通风有两种目的，一种是以被动式制冷为目的，强调中庭热环境的舒适性。另一种是以换气为目的，侧重于排除潮湿污浊空气，提供新鲜、清洁的自然空气，以保证人体的生理和心理健康。换气有一个必要换气量的概念，即为了排除室内一氧化碳等有毒气体，保证室内氧气充足，从而确保人们生命安全的必要通风量，是一种健康性通风。为了这两个目的，结合不同气候区的特点就有不同的通风策略。

1. 寒冷地区的通风策略

寒冷地区的建筑侧重于保温性与气密性，其通风量只需满足必要换气量即可，因为过量的通风会导致建筑大量失热。中庭通常利用热空气上升或者烟囱效应来进行热压通风即可。但寒冷地区同时还需要加强得热，因此中庭往往被设计成高宽比较小的形态以便利用温室效应来采暖。如何协调烟囱效应和温室效应的矛盾需要在具体设计中去精心推敲从而取得平衡。

2. 干热地区的通风策略

干热地区的建筑同样需要封闭式通风策略。例如，中东、撒哈拉沙漠等干旱炎热地区室外气温可以高达 50℃以上，由于外部热环境恶劣，过量的通风一样有害无益。这些地区的建筑往往都采用厚实的墙体和小窗，通过隔热和绝热可以使室内外温差达到 25℃。因此，干热地区的中庭和寒冷地区一样都只要在保证必要换气量的基础上，减少通风量。

与寒冷地区不同的是，干热地区的中庭还需要避免大部分太阳辐射，避免温室效应。所以，一般将中庭的高宽比设计得较大，以利于遮阳和夜间拔风来降温。另外，干热地区空气干燥，湿度很小，需要在中庭内增加水体的设计，并结合通风来进行蒸发制冷和增加湿度。

3. 湿热地区的通风策略

上述的封闭性通风策略对湿热地区并不适用。湿热地区其实并非真正的酷热，室内外温差很小，最大的难题是高温高湿，保温材料无用武之地，热压通风的效果也不明显。这类地区的建筑呈现出一种开放式的通风。例如，传统民居多为大屋顶，架空的干栏式，再配合深深的挑檐用来遮阳和诱导通风。通风策略以除湿为主要目的，降温则主要通过气流吹过人体产生蒸发制冷的效果。中庭空间主要考虑促进建筑的风压通风，同时兼顾发挥烟囱效应。

4. 温和地区的通风策略

温和地区气候凉爽，舒适度较高，适合使用热压通风。中庭空间在这里可以充分利用其高度优势发挥烟囱效应来辅助自然通风。

2.2.4 中庭的采光特性

中庭的主要贡献除了能促进自然通风以外，就是解决大进深空间的天然采光问题。充分利用天然采光不但可节省大量照明用电，还能提供更为健康、高效、自然的光环境。

1. 直射光、反射光和眩光

中庭为大进深建筑提供了优良的光线以及光线射入到平面进深最远处的可能性，中庭其实是一个天然光的收集器和分配器，中庭的自然光利用除了考虑直射光以外，还要考虑光线在中庭内部界面反射形成的反射光和漫反射光（见图 2.8）。

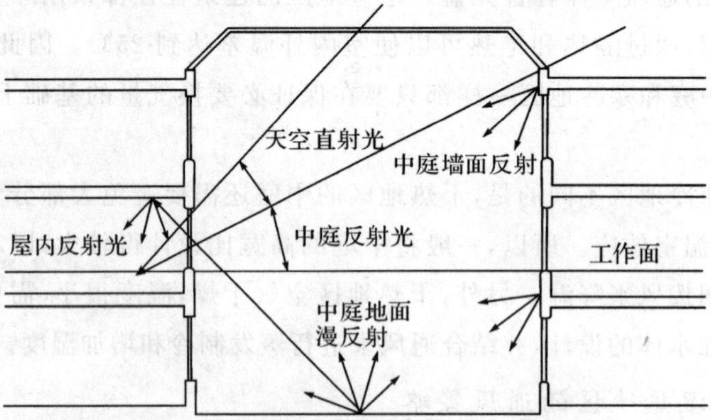

图 2.8　中庭自然采光的示意

反射光又称反射光线，是从界面上反射回到原来媒质传播的光线。反射光的强度视媒质分界面性质，媒质透光性能而定。当一束平行光触及光滑物体表面时，光线发生规律性反射，反射后的光线也相互平行，这种规律性反射称为单向反射或镜面反射。但物体的光滑程度是相对的，而一般物体的表面多粗糙不平，入射光线虽然为平行光线，但反射后的光线则向各个方向分散，此种现象称为光的漫反射。如植物、墙壁、衣服等，其表面粗看起来似乎是平滑，但用放大镜仔细观察，就会看到其表面是凹凸不平的，所以本来是平行的太阳光被这些表面反射后，就弥漫地射向不同方向。

人眼之所以能看清物体的全貌，主要是靠漫反射光在眼内的成像。如是全部单向反射的物体表面，不但看不清物体的外貌，还会引起某一方向上的眩光干扰现象。眩光是指视野中由于不适宜亮度分布，或在空间或时间上存在极端的亮度对比，以致引起视觉不舒适和降低物体可见度的视觉条件。眩光的光源分为直接的，如太阳光、太强的灯光等；间接的，如来自光滑物体表面的反光等。

2. 侧面采光和屋顶采光

中庭的采光主要可以分为侧面采光、屋顶采光、侧面采光和屋顶采光相结合这三种方式。侧面光来源于中庭的侧面，光线具有明确的方向性，有利于形成阴影，并可通过它看到外界风景，扩大视野。它的主要缺点是照度分布不匀，近窗处照度大，离窗越远，照度下降速度越快。而屋顶采光照度梯度小，整个房间有相对均匀的光线(见图 2.9)。

只能屋顶采光的中庭一般布置在集中式建筑中，中庭空间远离建筑外围，深藏内部的中庭可以利用屋顶采光。对这种中庭而言，采光屋顶起了一个光通道的作用，如上述图 2.8 所示，将天空直射光线和反射光线、漫反射光线通过窗户照射到中庭相邻空间工作面上。

图 2.10 所示是路易斯・康设计的金贝尔艺术博物馆的著名天窗形式。在拱顶中央设计了一条水平的窄缝来采光，下部安设了一块带凹孔的反射板，向顶部和墙面反射光，进而控制进入周围空间的光线照度，既可以增加室内获得自然光的面积，又为展厅提供了均匀的自然光。

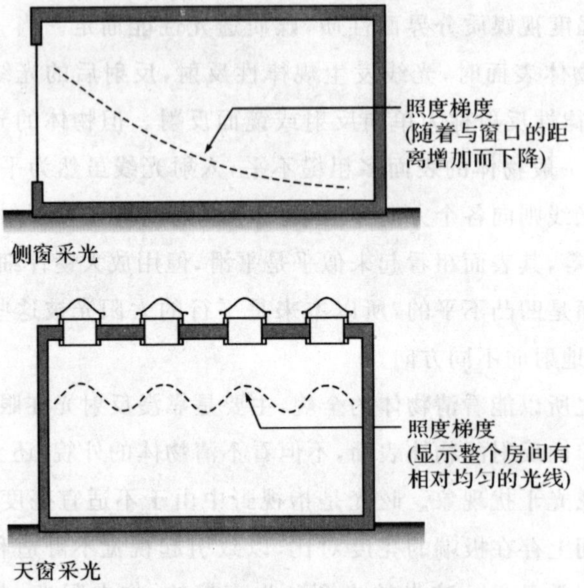

图 2.9　侧面采光与屋顶采光效果

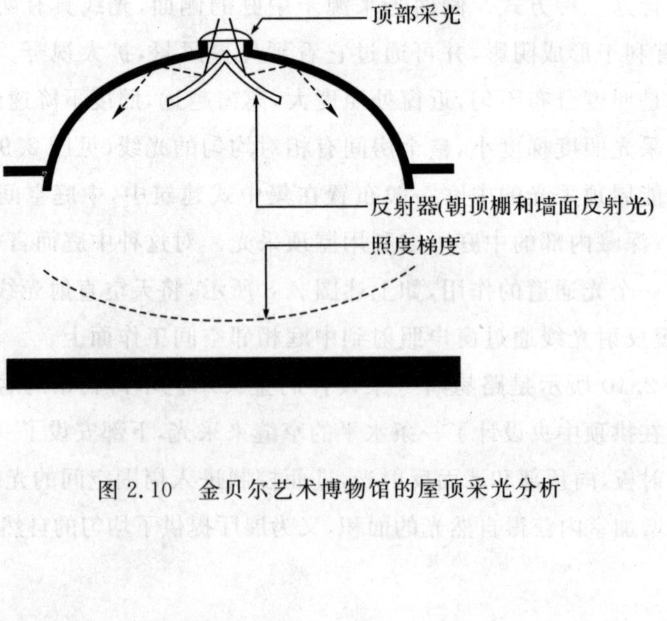

图 2.10　金贝尔艺术博物馆的屋顶采光分析

2.2.5　影响自然采光的因素

中庭的光环境设计是一个复杂的问题，即使是只有顶部采光的中庭，也涉及中庭顶部的透光性、中庭空间的形式和尺度、中庭墙壁和地面的反射率、窗户位置及尺寸等一系列因素。

1. 中庭顶部的透光性

中庭顶部光线的透过率直接影响中庭收集到的天然光的数量。顶部的透过率越高，经由中庭到达中庭底部和相邻空间的光线越多。通过不同表面的透光材料进入中庭的太阳光线的性质也不同。光滑和粗糙表面的透光材料产生不同的中庭光环境，进而影响相邻空间的天然采光效果。

例如，太阳光线透过普通玻璃、Low-E 玻璃等表面光滑的透光材料，直射到中庭四周墙壁甚至地面上和相邻空间内，有产生眩光的可能，而且中庭水平面的光线分布不均匀。太阳光线透过磨砂玻璃、透明膜结构等表面粗糙的透光材料，能使光线均匀地漫射到中庭内部，避免眩光的产生，但进入中庭的光线总量会大大减少，而且中庭垂直面的光线分布不均匀。

2. 中庭空间的形式和尺度

为了保证中庭地面和相邻空间能够获得足够的自然采光，要推敲中庭的形式和尺度。例如，随着中庭高宽比的增加，到达相邻空间直射光线的进深迅速减小。具体内容详见第 3 章。

3. 中庭墙壁的反射

除了直射光线外，反射光线和漫反射光线对中庭地面和底部相邻空间的天然采光也非常重要。中庭墙壁经过设计后可以通过反射、漫反射来重新分配自然光线，具有调节和控制自然光的作用。表面光滑的墙壁容易产生反射眩光，因此中庭墙壁表面应粗糙，利用漫反射使中庭的光环境均匀、柔和。例如，中庭墙壁可以采用素混凝土、浅色粉刷、石膏板、麻面石材、麻面砖等表面粗糙的材料，尽量避免使用大理石、釉面砖等表面光滑的材料。如果需增加特定部位的天然采光量，可通过在中庭墙壁上安装可调节的镜面，向下定向反射天然光线，解决局部天然光线不足的问题。

4. 窗户位置及尺寸

对于依靠中庭墙壁反射光线采光的底层部分，对面的反射墙就是它的“天空”，若该墙为一从顶到地的玻璃或者完全是敞开的，则很少一部分光线会经过它的反射而传到底层。相反，若该墙没有窗户和开口，则大部分光线经墙面反射到中庭底层，就如同光线在导光管中反射的一样，光线强度减弱极少。理论上，光线应该按所需量进入每一层相邻空间，其余经墙面反射再向下传递。因此，为了使中庭每一层相邻空间都获得良好的天然采光，中庭墙壁每一层窗户的面积应该不同，顶层仅需极少的窗，增加反射墙面，往下逐层增加窗户面积，减少反射墙面，直至底层全部都是窗户。

窗户在墙壁上的位置影响光线的分布、空间感受、人工照明的位置等许多因素。从低窗、中等高度的窗到高窗，进入室内的光线分布离窗户由近而远。所以，中庭相邻空间多选择低窗、中等高度的窗，使得进入的光线离窗户较近。另外，低窗还可以利用地面的反射，使光线进入室内空间深处，以弥补光线分布不均匀的缺点。

2.2.6 利用新型采光设备

随着建设用地的日益紧张和建筑功能的日趋复杂，建筑进深不断加大，仅靠传统利用自然采光的方式已不能满足建筑物内部的采光要求。为了充分利用天然光，需要通过一定的技术手段把自然光引入并传输到需要采光设计的位置。其常用种类如下：

1. 导光管

导光管采光适合于天然光丰富、阴天少的地区使用（见图 2.11）。

为了输送较大的光通量，导光管直径一般都大于 100mm。由于天然光的不稳定性，往往给导光管装配人工光源作为后备光源，以便在日光不足的时候作为补充[①]。

图 2.11　导光管

2. 光导纤维

光导纤维能输送的光通量比导光管小得多，但它最大的优点是在一定的范围内可以灵活地弯折，而且传光效率比较高，因此同样具有良好的应用前景。光导纤维采光系统一般是由聚光部分、传光部分和出光部分三部分组成（见图 2.12）。光导纤维的传光原理主要是光的全反射原理，光线进入光纤后经过不断的全反射传输到另一端。在室内的输出端装有散光器，可根据不同的需要使光按照一定规律分布[②]。

3. 导光棱镜窗

导光棱镜窗是利用棱镜的折射作用改变入射光的方向，使太阳光照射到中庭深处。导光棱镜窗一面是平的，另一面带有平行的棱镜，它可以有效地减少玻璃附近直射光引起的眩光，提高室内照度的均匀度。同时，由于棱镜窗的折射作用，可以在建筑间距较小时获得更多的阳光。

---

①　②李海英、白玉星、高建岭、王晓纯．生态建筑节能技术及案例分析．北京：中国电力出版社，2007：118

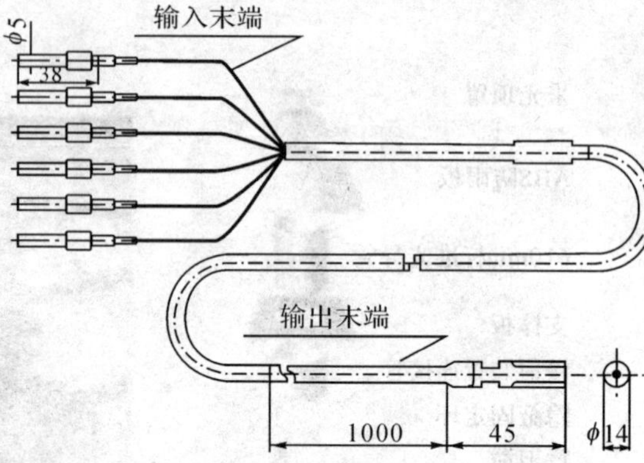

图 2.12　光导纤维

例如，德国国会大厦改造工程的新建玻璃穹顶被设计为棱镜窗，它的核心部分是一个覆盖着各种角度镜子的锥体，可以反射水平射入建筑内的光线，还有一个可移动的保护装置按照太阳运行的轨道运转，以防止过热和耀眼的阳光(见图 2.13)。

图 2.13　德国国会大厦改造工程的棱镜窗

2.3　降低中庭能耗的主要方向

节能是绿色建筑的核心,建筑节能可以采用开源和节流两种方式。开源是泛指采用无污染的清洁能源来代替传统能源的使用;节流可以分为建筑的被动式设计和主动式设计两个方面。本节主要从影响中庭热环境的主要因素,探讨降低中庭能耗的被动式策略。

2.3.1　中庭能耗特点及节能价值

中庭作为当代公共建筑的重要空间,其能耗状况日益引起广大业主和建筑师的重视。一方面,中庭具有调节室内热环境的潜质:中庭的大面积玻璃围护结构在透射阳光的同时,阻挡了来自室内的长波辐射,有效防止了室内热量的外溢,形成温室效应,有利于提高冬季建筑室内温度,降低采暖费用;中庭内外部空气压力差引起室内外空气流动,中庭较高的垂直高度加快了气流速度,形成烟囱效应,所产生的良好自然通风在引入室外新鲜空气的同时,加快了室内多余热量的对外排放,降低了室内温度。

另一方面,温室效应和烟囱效应也是一把双刃剑:夏季的温室效应导致室内过热,冬季的烟囱效应引入大量寒风。在对相关问题认识不清或缺乏足够技术支持的情况下,中庭建筑建成后,会出现夏季酷热难耐,冬季寒风刺骨的情况。而某些全空调的中庭建筑在改善室内热环境的同时,高昂的建筑能耗又伴随而至。

基于半室内半室外的空间环境特性,中庭常常是其所在建筑物中的单位面积耗能最大的部分之一,因而也是节能潜力较大的部分之一。中庭设计虽然存在大量相互矛盾的构造要素,但只要在建筑设计上权衡利弊,对其加以综合考虑,就能让它们相辅相成地对中庭的热环境及节能设计起到作用。中庭的合理设计不仅可以减少中庭自身的能耗,而且能够使主体建筑内部舒适的费用降低,有利于整体建筑的节能。

2.3.2 影响中庭热环境的主要因素

中庭空间是室内、室外的过渡空间，影响其热环境的因素既有室内又有室外，从建筑设计角度看主要包括以下几个方面：

1. 气候因素

影响中庭室内热环境状况的气候因素主要包括室外空气的温湿度、太阳辐射、风速和风向等。

2. 场地

中庭周边的场地设计，如植物和水面的布置，高差的处理，会影响外部热环境以及中庭自然通风的质量。

3. 朝向

中庭的朝向直接影响到室内接受阳光、接受自然通风的多少、时间的长短以及受气候影响程度。

4. 形式和尺度

中庭的空间形式和尺度会影响热环境。例如，以顶部采光为主的中庭，狭长而且高耸的空间形式对夏季通风和遮阳有利，而宽敞又低矮的空间形式则有利于冬季获取更多阳光。

5. 围护结构

外围护结构中玻璃与实体的面积比是影响中庭热环境的主要因素之一。因为在夏天，太阳热辐射大部分被玻璃吸收并透射进室内。另外，实体围护结构的蓄热能力的高低也会影响室内温度的波动性。蓄热性强的墙体夏季可延缓白天温度上升时间，而冬季白天吸热，到夜间释放热量。蓄热性低的围护材料以及表面光滑、颜色浅的材料，当受阳光照射时大部分被反射，再加上围护结构蓄热能力低会增加室内的温度波动性。

2.3.3 降低中庭能耗的主要方向

1. 根据气候条件选择中庭类型

由于所处地区气候条件的差异，中庭的主要生态功能也不相同，在设计中要选择与气候条件相适应的中庭类型。例如，在寒冷地区，中庭主要起着暖房的作用，要选择利于采暖的中庭；在炎热地区，中庭主要用来通风降温，要选择利于降温的中庭；在夏热冬冷地区，则二者兼顾，要选择可调温中庭。

(1)采暖型中庭

这是一种对寒冷地区有益的中庭形式。这种中庭尽可能多地收集阳光，充分利用中庭的温室效应产生热量，减少采暖费用。采暖型中庭应能最大限度地争取太阳辐射，通常有大面积玻璃外窗或者玻璃屋顶，并能有效地蓄热，成为一个高效的被动式太阳房。因此，向阳、供暖、保温绝热为这类中庭的主要要求。其设计引导如下：

①采暖型中庭的围护结构和地面应有较好的贮热能力，这种贮热能力在有阳光照射时增加热量的聚集，并在夜晚或多云天气里发散热量，维持室温的相对稳定。

②应有严格的保温绝热措施，尽量减少内部热量的损失。冷风渗透是冬季热量散失的一个主要途径，要加强顶棚玻璃嵌缝的密闭性；开门处最好设门斗，使中庭与外界有一个缓冲层，减少与外界的热量交换和冷风的渗透。另外，采用双层玻璃或热阻较大的玻璃来增大围护结构的热阻，防止热量的散失。

③温室效应在夏季造成室温过高，虽然寒冷地区夏季较短，但也要考虑夏季的降温和通风。夏季的降温一般是在窗上加遮阳百页，或利用中庭自身的烟囱效应来诱导室内通风。

(2)降温型中庭

这是一种对炎热地区有益的中庭形式。由于气候炎热，应考虑防止阳光进入中庭，所以要遮阳、通风和降温，其基本方式应与采暖中庭相反。其设计引导如下：

①降温型中庭的方位，最好位于不易接受阳光的地方。例如，天窗应按需要做成适合的形状，天窗的玻璃应该向北倾斜，以避免直射阳光的进入。

②高耸的中庭空间使得室内空气温度的垂直分布梯度较大，有利于烟囱效应的产生，使热量处在中庭的顶部，而在中庭底部的活动区

域，温度会相对较低。

③降温中庭的顶部，一般设置顶部开口，其目的是利用烟囱效应来组织通风或强化通风效果。要把降温中庭纳入到整个建筑的通风系统中，相当于利用烟囱效应设计一个强制送风或回风系统，从而带走中庭内部的热量。

④降温型中庭外围护结构的绝热显得不十分重要，遮阳和反射所取得的防热作用比采用绝热方法效果好。

(3)可调温型中庭

这是一种试图在不同的季节可以改变中庭的局部形式，从而分别具有保温和降温特性的中庭。调温型中庭冬天要保温，夏季要降温，特别适合冬冷夏热地区。可调温型中庭的各种调节措施都需要达到一种可调可逆的效果，实现冬夏不同的热工作用。其设计引导如下：

①通过对可调温型中庭形态的综合设计与分析，发挥中庭在采光、采暖(中庭的温室效应)和通风(中庭的烟囱效应)上的优势，来进行节能设计。同时，也要借助于一些费用较低的辅助设备，比如风扇、抽风装置的使用，来改善中庭的通风，提高节能的效率。

②对于可调温型中庭，一般应有可操纵的遮阳设施，既可以在冬天让低角度的阳光进入室内，又可以阻挡夏天高角度的阳光。

③要设置可开启的天窗；夏天，可以打开天窗，由于热压差而产生较强的通风，带走热量。冬季，可以关闭天窗，使室内温度升高，并保持室内的温度。

2. 优化场地来改善外部热环境

在绿色建筑的设计理念中，场地设计占有相当一部分的比重。现代中庭追求室内外空间的融合，其室内热环境会随着外部热环境的变化而变化。因此，应通过场地设计来改善外部相邻空间的热环境。

(1)植被的优化设计

①利用植被降温

绿色植被可以截留降水，涵养水分。在高温的太阳照射下，水分蒸发，带走热量，降低地表温度和气温。因此，建筑周围的植被在夏季可以有效降低地表温度，从而为室内的自然通风提供可能。

同时，用地周围的高大植被能带来潜在的遮阴效果，浓荫还可以代替遮阳板起到防止太阳热辐射的作用。布置在南向及东西向的落叶乔木，在夏季，茂密的树枝遮挡南向及东西向太阳热辐射；在冬季，落叶后的植被不影响中庭在冬季享有良好的日照。

②利用植被布置改善通风

植物的生长是随季节的变化而变化的，恰当地在中庭周边配置植物，可以改善中庭周边场地冬夏两季的外部风环境，从而改善中庭内部的自然通风状态。例如，合理配置的树篱形成的夹道能够引导、增加风速，还能根据需要改变气流流动的路径。

植被与中庭的位置关系直接影响气流进入中庭。例如，当中庭的进风口不能正对夏季主导风向时，可以通过配置高密度绿化的方法，局部改变气流方向，引风入室。同时，合理配置的常绿植物在冬季还可有效阻挡冷风，防止冷风进入中庭，或者避免冷风吹在玻璃幕墙上，增大玻璃幕墙的热损失。

(2)合理设置水面来降温

水面具有潜在的吸热能力，在蒸发过程中吸收环境中的热量，从而降低环境温度。水面可以储存大量热量，约为混凝土蓄热量的两倍，即相同体积的水在升高相同温度时所吸收的热量是同体积混凝土吸热量的两倍，这就使得水面可以成为中庭建筑冬夏两季很好的空气温度调节器。

中庭与水面的位置关系以及水面的规模会直接影响水面的制冷效果。例如，当水面位于中庭夏季主导风向的上风向时，夏季白天，风从水面吹来，陆地温度比水温升高得快，致使陆地上面的空气上升而被从水面上空过来的空气所取代。当水面具有一定规模时，气流经过开阔水面时被水面上部冷空气冷却，对中庭制冷作用较为明显。冬季白天，太阳辐射作用下，水体温度增高，储存了大量热量；到了晚上，环境中空气温度下降，水体中所储存的热量逐渐向空气中散发，弥补了建筑周围环境温度下降造成的热量损失。

3. 合理确定朝向

中庭的朝向设计是指主要侧采光面的朝向以及主要通风面的朝向。二者的确定要根据太阳位置、风向、场地地貌、植被以及自身形态等综合因素来确定。其基本原则如下：

(1)合理取得日照

为了满足冬季采暖的目的，利用阳光是最经济、最合理的有效途径。中庭可以通过屋顶或者外墙的玻璃面来利用太阳能采暖。但在大部分气候带，玻璃采光面的朝向还要综合考虑夏季遮阳，要平衡采光和遮阳，科学地取得日照。为此，首先要考虑各个季节太阳的高度和方位；其次要对中庭作全年的太阳控制；最后要研究中庭与附近建筑物的相互遮挡关系。

(2)利于自然通风

在场地设计中，影响通风的主要因素有建筑群的高度与间距、道路走向、空旷场地分布、地面覆盖状况与规模等。风玫瑰图给出了一个特定地点一个月或整年风向和频率的详细信息。中庭的开口朝向应根据风玫瑰图来考虑，使中庭的朝向在夏季利于自然通风。

(3)防止冷风的影响

冬季，吹在大面积玻璃幕墙上的冷风加强了玻璃的对流散热，冷风的渗透还能带走人体及室内大量的热量，冷风的影响对室内热舒适极为不利。为了减少玻璃的对流散热，严寒地区中庭玻璃幕墙的朝向应避开冬季主导风向，并在冬季风向的迎风面，种植高大树木，布置围墙或次要房间，阻挡冷风直接进入室内。但在防风设计中，要注意接受一项需要的资源要比阻挡一项不需要的资源重要。即使在寒冷的气候条件下，中庭接受阳光比挡风更为重要。因为，设计师可以通过其他一些设计手法来阻挡风，但如果阳光进入中庭空间的路径没有了，就不可能采用其他措施来利用阳光来采暖了。

4. 优化中庭的形式和尺度

通过优化中庭的形式和尺度，可以达到降低能耗的目的，具体设计方法详见本书第 3 章。

5．优化围护结构的设计

中庭的围护结构分为外部围护结构和内部围护结构，是中庭与外部环境和内部使用空间的界面，其设计也是降低中庭能耗非常重要的一个部分，具体设计方法详见本书第 3 章。

6．合理确定舒适度类型和分区

除了通过上述 5 个方面来降低中庭能耗以外，从建筑设计的角度考虑还值得关注的问题，就是确定中庭空间本身需要的热舒适程度。

(1)舒适度类型

一般而言，中庭空间热环境的调节方式主要是空调和自然两种。但随着空调逐渐深入人类生活的方方面面，随着经济的发展和人们生活水平的提高，人们对环境的舒适性要求也越来越高。其实，过分依赖和不加限制地使用空调，也是造成当今环境和能源问题的重要原因。降低中庭的舒适度，对于减少建筑能耗有很大的作用。处于低碳社会的人们应该认识到，中庭空间本身应该接受夏热冬冷的事实，应该通过跟随自然法则达到一个可以接受的舒适水平即可。这个舒适程度范围很宽，可以从一个简单的遮阳产生的舒适，到人工控制的全舒适状态，大致可以分为 4 种类型，具体如表 2.1 所示①。

决定某个中庭空间采用哪种舒适度类型，与中庭的功能定位有较大关系。在第 1 章中，我们根据中庭核心功能的定位，把中庭大致分为服务型中庭、使用型中庭和表现型中庭。使用型中庭具有明确的使用功能，是人活动和交流的重要场所，舒适度标准比较高，建议采用有空调缓冲型和全舒适型。而服务型中庭的主要目的是为周边的功能空间服务，提供采光、通风，或者作为一个屏障为建筑挡风御寒或者隔绝噪音等，其舒适度标准会比较低，可以采用遮阳型和无空调缓冲型。表现型中庭的主要目的是让人感受中庭空间的精神和文化氛围，应该根据表现氛围的需要合理设置舒适度标准和类型。

① 林川，田先锋，房志勇．中庭建筑设计及其热舒适度控制．工业建筑，2004，34(7)：28

表 2.1　中庭舒适度类型划分

中庭舒适度类型	舒适度及其控制程度
遮阳型	遮蔽与遮阴，但空气不一定密闭
无空调缓冲型	冬日空气密封靠阳光取暖，夏日自然通风
有空调缓冲型	通过空气调节措施控制中庭温度的变化幅度
全舒适型	中庭与周围使用空间达到相同舒适程度

一般说来，遮阳型舒适程度的中庭，是最节能的；而全舒适型中庭，所需消耗的能源是最多的。但是，即便是完全舒适型的中庭，首先我们也是要利用被动式节能设计，其次再适当地使用一些电器设备来进一步提高舒适性，可作为低能耗设计的二次设计。

(2)提倡舒适度分区

现代中庭因其体量一般较大，如果为了达到全舒适型，就会带来巨大的能耗。既然中庭以模拟自然环境为主，作为室内外的中间过渡区，我们应该可以根据中庭的使用频率和需求，在一个大型中庭空间内进行舒适度分区，这也是降低大型中庭能耗的重要措施之一。例如，由于中庭空间巨大，但人活动的范围有限，往往集中在底层，所以只要保证人活动区域的舒适性，可以适当降低底层以上空间的舒适度从而减少建筑能耗。舒适度分区要根据使用者的使用频率和要求提供不同的可以接受的舒适环境。其目的是既要保证长时间停留区的舒适度，又要防止低舒适度中庭空间对周边空间气流的干扰。因此，舒适度分区包括两个方面：一是中庭本身的分区控制；二是中庭与其周边主要空间的舒适度分区控制。

第3章　基于中庭形态的绿色设计方法与实践

由于被动式节能与建筑形态密切相关，本章将对与中庭的形态密切相关的绿色设计方法，通过案例的方式展开具体的探讨。本章选取的方法基本上是被动式的，而且这些方法直接影响到中庭的形态设计。考虑到建筑师在建筑方案设计时，并不会以一种能量主题来划分内容，所以采用了跟建筑形态要素相关的，按形态特征分类的方法。

3.1　采用适宜的中庭形式

中庭平面和剖面的基本形式，将在很大程度上决定中庭的热环境和能耗情况。建筑师在方案设计阶段，就要在综合考虑气候、使用功能、与周边使用空间的关系等因素的基础上，从促进自然通风和采光的角度来确定适宜的中庭形式。

3.1.1　根据采光的分类

中庭的分类方法很多，根据中庭的采光形式，首先可以分为采光中庭和非采光中庭。因为本章主要讨论采光中庭，所以再根据中庭侧采光面的数量，可以分为三面采光中庭、两面采光中庭、单面采光中庭和封闭型中庭(即只有屋顶采光)。

1. 三面采光中庭

三面采光中庭是指有三个直接采光侧面的中庭。

该类中庭形式由于采光面较多，有利于中庭在冬季接受阳光来采暖，而且中庭的自然采光条件良好，视线开阔，室内外空间能够较好地融合。但由于采光面较多，中庭容易受外部环境影响。夏天特别需要注意采光面的遮阳，冬天需要防止冷风渗透。

2. 两面采光中庭

两面采光中庭是指有两个直接采光侧面的中庭。

该类中庭具有较好的通透性和自然采光效果。两面采光中庭又可以分为两类，即两个采光侧面相对型和两个采光侧面相邻型，前者利于夏季形成穿堂风来降低中庭的温度，后者利于形成开阔的视野。

3. 单面采光中庭

单面采光中庭是指只有一个直接采光侧面的中庭。

4. 封闭型采光中庭

封闭型采光中庭是指所有侧面都不直接对外，只有顶部采光的中庭。封闭型中庭一般布置在大进深建筑平面的中心，较多出现在商场、办公、医疗、博物馆等公共建筑中，起着交通枢纽的作用。

5. 采光形式的统计

根据我们对近 5 年(2004 年 1 月至 2008 年 12 月)来在《建筑学报》上公开发表的 48 个建筑中庭的采光形式的统计，除去 6 例建筑由于资料不足无法确定中庭的采光类型以外，统计结果为三面采光中庭有 1 个，两面采光中庭有 7 个，单面采光中庭有 20 个，封闭型采光中庭有 14 个(见图 3.1)。由此可见，能耗大的三面采光中庭很少选用，即使出现也是以边庭的形式出现。较多选用单面采光中庭和封闭型采光中庭，说明建筑师在中庭基本形式选择上具有一定的节能意识。

另外，我们对同期在国内杂志中公开发表介绍的国外 82 个中庭建筑的采光形式也进行了统计，统计结果如图 3.1 右图所示：三面采光中庭有 2 个，两面采光中庭有 9 个，单面采光中庭有 18 个，封闭型中庭有 18 个，其他形式为 35 个。

比较两者的统计结果，可以看到单面采光中庭和两面采光中庭在国内外中庭案例中都较多采用。但国外的中庭中，其他形式占了 42.6%。究其原因，是因为相比于国内中庭采光形式的明确性和规矩

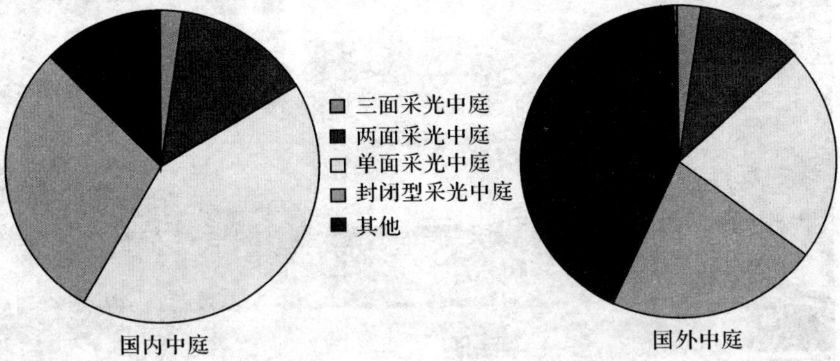

图 3.1　采光形式统计图

性，国外中庭的采光形式变化较多，常常处在一个模糊的状态中而较难界定。而这种不规则的采光形式正是出于被动式节能设计的需要，是值得我们探索的绿色中庭设计语言。

3.1.2　根据剖面形式的分类

中庭剖面的基本形式有 3 种，即 V 形中庭、A 形中庭和矩形中庭。

1. V 形中庭

V 形中庭的楼层自上而下逐渐外伸，使得每一楼层都有一部分面积可获取直射阳光。其中庭空间特征为形态向上外扩，具有强烈的视线导向天空，给人舒展、宏大的空间意向。其能耗特征为向上逐渐扩大的中庭剖面，使每一楼层都有一部分面积可以获取直射阳光，但同时会削弱烟囱效应，不利于通风。

在气候比较寒冷的地方，可以使用 V 形剖面来争取较多的太阳辐射。例如，英国的 ITN 总部办公楼就是如此。这座建筑在剖面上采用了向上层层退台的方法，使得中庭周边楼层的使用空间可以获得太阳辐射的面积大大增加（见图 3.2）。同时，还在退台处栽种了树木，既有利于净化空气，又为人们提供了多个可以闲谈的交往空间。

图 3.2　英国的 ITN 总部办公楼的中庭

2. A 形中庭

A 形中庭自上而下楼层逐渐后退。其空间特征是空间形态具有不安定性，在精神上给人以紧张和压迫感。其能耗特征是上部楼层阻挡了部分直射阳光，弱化、柔化了光线，但剖面形式有助于烟囱效应。

A 形中庭在那些主要考虑如何隔绝阳光直射的气候区，可以发挥较好的作用；同时，有助于烟囱效应的发挥，可以促进通风。例如，日本东京的松下电子公司信息交流中心拥有一个典型的 A 形中庭。该建筑采用自然通风为建筑换气调温，室内自然通风的比率达到了 100%，是节省能耗的一个重要策略。中庭在这里起到回风通道的作用，有效利用了热压通风原理，发挥了中庭的烟囱效应(见图 3.3)。

3. 矩形中庭

矩形中庭是最常见的剖面形式，其纵横比和高宽比对被动式节能设计有较大影响。

(a) 中庭内景

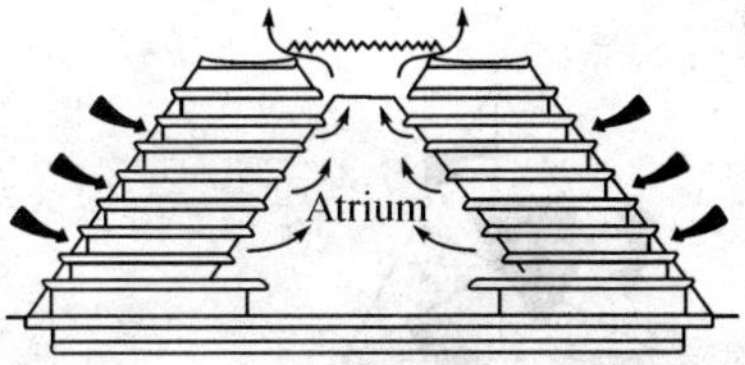

(b) 剖面示意图

图 3.3　日本东京的松下电子公司信息交流中心

对于夏热冬冷地区来说，需要做到夏天防晒和冬天避寒。单一地运用 V 形中庭或者 A 形中庭都很难满足夏冬两季的不同节能要求，所以，大部分建筑的中庭选择了折中的矩形剖面。

3.1.3　优化组合

1. 平面的旋转

中庭平面位置在不同楼层作适当的旋转或者错位，能使更多楼层享受到更多的自然光线；或者感受到不同的光环境，如光线充沛的直射光线区、柔和的反射光线区等，并使中庭空间变得更加丰富多彩。

例如，丹麦大学校园里的某个建筑，中庭从一层到五层上下贯通，中庭在每层以建筑中心点为圆心旋转一定的角度。这样的平面改变使得更多的楼层享受到了自然的光线。比如，我们以屋顶层、五层、四层这三层的光线影响为例。如图 3.4 所示，(a)图分别表示屋顶层至一层的直接采光位置；(b)图表示屋顶层、第五层和第四层采光位置的叠加；(c)图表示第四层光线状态的分析。直射光线区域示意四层中庭原有的光线状态，由于中庭的旋转，四层中庭又多了中间深灰色三角区域的直射光线以及中庭楼板旋转增加的光线区域的间接自然光。因此，在第四层感受到的中庭光环境变得更加丰富，当然也可以减少周边楼层人工光线的运用。

中庭空间作轴心式旋转，也能使得中庭呈现出不规则的空间变化。

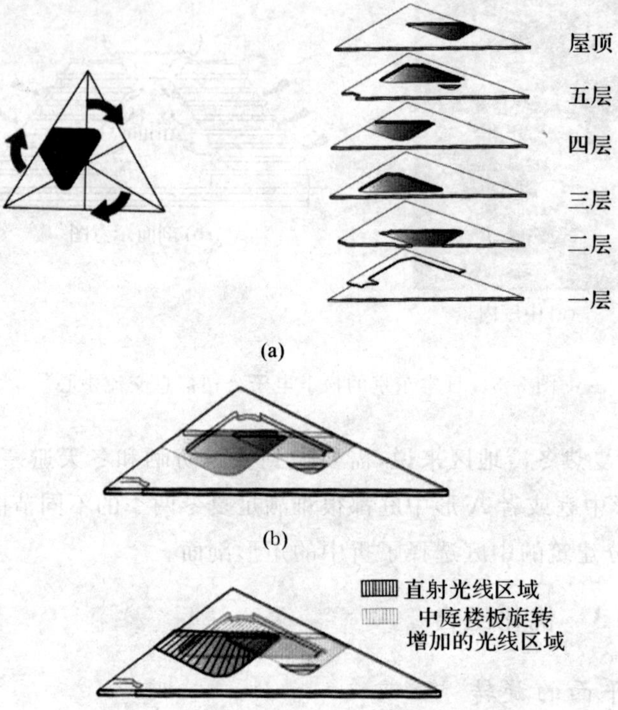

图 3.4　丹麦大学校园建筑中庭的旋转产生的采光优化

例如，阿伯丁大学新图书馆，三角弧形中庭平面作轴心式旋转，使得中庭呈现出螺旋式的空间感，增加了空间趣味性，并与方盒子外形的规矩形成对比，同时也使得更多的中庭相邻空间得到自然光线(见图3.5)。

2. 剖面的组合

作为一种剖面水平组合概念，针对冬夏两季的不同情况，还可以采用迁徙剖面。迁徙的概念是指为了维持热舒适条件，像候鸟一样从建筑的一个地方移动到其他地方，或者是在建筑中提供不同的区域以便在各种不同的气候条件下提供舒适的环境。比如在传统民居中，就有双居住区的例子。在美国新墨西哥州的印第安人村庄，在炎热的季节里，夜里使用屋顶平台而白天在室内乘凉。在寒冷的季节正好相反，白

图 3.5　阿伯丁大学新图书馆的轴心式旋转

天使用户外的平台，夜里住在室内。

在印度的帕里克哈住宅设计中，查尔斯·柯里亚使用了两个在位置上相互平行却适合不同气候的建筑区，分别为夏季和冬季而设(见图 3.6)。实际上，这两者相当于两个不同的中庭剖面。位于住宅东面的是“冬季区”，冬季剖面上大下小呈 V 形，在屋顶平台覆盖了遮阳的格架，能利用上午的阳光采暖，只在冬季和夏季夜间使用。设在住宅中部的“夏季区”夹在“冬季区”和“服务核”之间，夏季剖面上小下大呈 A 形，减少了顶部的外露面积，进而减少了与炎热外部环境的接触。其宽大的基座和窄小屋顶的剖面，使得封闭的住宅位于较高的位置上，建筑的高度用来产生热压通风。帕里克哈住宅将夏冬两季的中庭剖面形式相结合的设计，对于夏热冬冷地区采光中庭的设计是一个良好的启示。

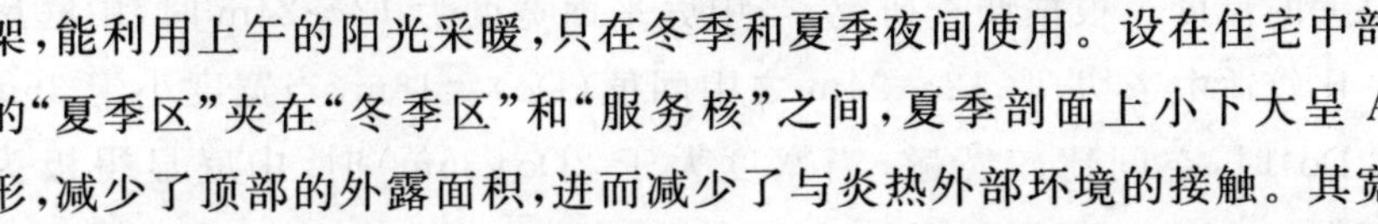

(a) 夏季剖面　　(b) 冬季剖面

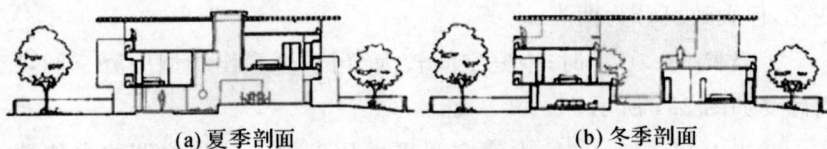

图 3.6　帕里克哈住宅的夏季和冬季剖面

3.2 采用适宜的中庭尺度

在决定了中庭的基本形式后，还要仔细推敲中庭的尺度对中庭的热环境和能耗的影响。

3.2.1 基本的尺度概念

中庭不光有长度、宽度和高度这些绝对尺度，还有平面的纵横比(PAR)和剖面的高宽比(SAR)这些相对尺度；所有这些尺度不仅对中庭空间形态的表述起着举足轻重的作用，而且这些尺度与太阳高度角的关系会直接影响中庭的绿色设计策略和方法。

1. 步行尺度

中庭是步行者的空间，其长度和宽度要以步行者的行为特点为依据。步行者的视觉特征为在24m左右能辨认出对方，这个尺度是比较亲近人的尺度。所以，中庭空间平面宽度也应以20～25m为准，避免过大的尺度。根据调查研究，当中庭平面宽度为12～24m时，中庭尺度比较适中亲切；取12～24m之中间值(Do)＝18m，当宽度小于36m(2Do)时，空间比较宽敞；当宽度大于2Do(36m)时，中庭显得极为宽敞。

2. 纵横比(PAR)

纵横比(PAR)为中庭平面的宽度(D)和长度(L)的比值，即 PAR$=D/L$。中庭平面的纵横比根据建筑的不同性质和功能，有较自由的变化，但大致可分为两类：

①当 PAR＜0.4时，中庭空间较为窄长，可看作线型中庭空间，空间感受如图3.7所示；

②当 PAR＞0.4时，中庭空间平面比例给人较为协调的整体感，通常可看作广场型中庭，空间感受如图3.8所示。

3. 高宽比(SAR)

高宽比(SAR值)为中庭剖面高度(H)和剖面侧界面的相对距离

图 3.7　日本品川车站商业设施的线型中庭

图 3.8　柏林科技城某建筑的广场型中庭

(W)的比值,即 $SAR=H/W$。

中庭剖面的高宽比对自然光分布起着重要作用。高宽比大,则底层获得光照亮较小,受光面小且主要集中在上部。

3.2.2 优化尺度

1. 进深的控制

房间的通风效果与进深有密切的关系。一般而言,对单侧通风的建筑进深最好不超过净高的 2.5 倍;穿越式通风时,房间平面进深不要超过楼层净高的 5 倍(一般小于 14m 为宜),以便于形成穿堂风。此时驱动力主要是风压,但当进风口和出风口间有明显的高差时,热压也有较明显的作用。

同样,室内空间的良好采光和光线分配需要通过减少进深来实现。但随着电灯的出现,人类对自然光的需求明显降低了,因而建筑物的进深也随之增大。对中庭而言,在侧面可以直接采光的中庭中,设计师可以从侧面和屋顶同时引入自然光,一般足以解决采光问题,对进深一般没有特殊要求。

2. 高度的控制

中庭的高度直接影响中庭空间热压的大小,而热压的大小又与利用中庭进行通风降温的能力紧密相连。高度过小,则中庭产生的热压就会很小,通风降温能力有限;反之,若是高度过大,热压明显增加,通风能力会过强,在中庭顶部空间范围内产生强烈的气流,造成风速过大而不舒适。而且,中庭空间的垂直温差过大,也会影响人们的舒适感。

因此,风的垂直分布特性使得高层建筑比较容易实现自然通风。但对于高层建筑中的大型通高中庭而言,风速过大造成的紊流对其他室内空间的影响是需要特别考虑的。

例如,在法兰克福商业银行的设计过程中,针对塔楼中庭(60 层)的自然通风状况,福斯特及其合作者进行了无数次计算机模拟和风洞试验,来调整风速是否太大的问题。最后,在经过多次模型比较研究之后,福斯特得出的结论是:中庭的高度以 12 层左右为宜。因此,该建筑虽然中庭的整体层数为 60 层，但设计师把通高中庭分为 4 段；每 12 层为一段，每段中庭和相邻的 4 层通高的小花园共同组成一个相对独立的单位，每个单元单独组织自然通风，所以取得了良好的自然通风和采光效果（见图 3.9）。

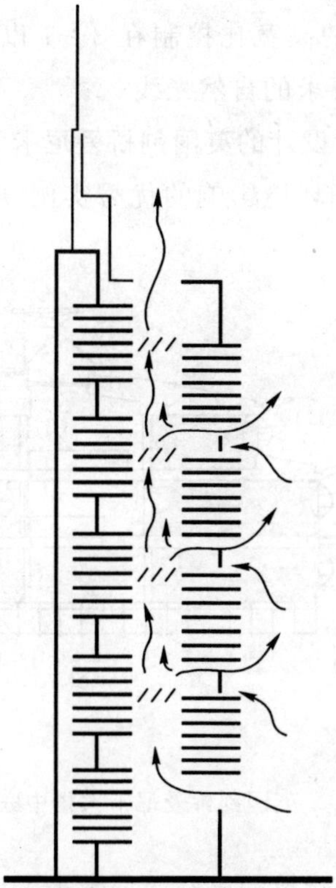

图 3.9　德国法兰克福商业银行大楼的剖面示意图

3. 高宽比的控制

高耸而狭窄的中庭可以减少得热，并有利于充分发挥烟囱效应，加强自然通风，降低室内气温，适合在炎热地区和夏季使用。低矮而宽敞的中庭适合在寒冷地区和冬季使用，有利于获得更多的阳光，发挥温室效应的作用。

对于封闭型采光中庭，随着中庭高度的增加，采光中庭到达相邻空间的直射光线的进深迅速减小。因此，为了保证中庭地面和相邻空间能够获得足够的天然采光，应该考虑中庭剖面的高宽比。

英国剑桥大学马丁研究中心研究了大量的建筑实例，得出中庭在顶部采光而且只考虑直射光忽略漫射光影响的情况下，其高宽比最大值为 3∶1。只要中庭的高宽比控制在 3∶1 以内，两侧相邻空间就可以得到符合办公建筑要求的自然光线①。

RH 合伙人事务所设计的英国剑桥爱尼卡大楼是一个利用中庭自然采光来减少耗电量和环境影响的优秀实例，内廊式中庭在剖面上的

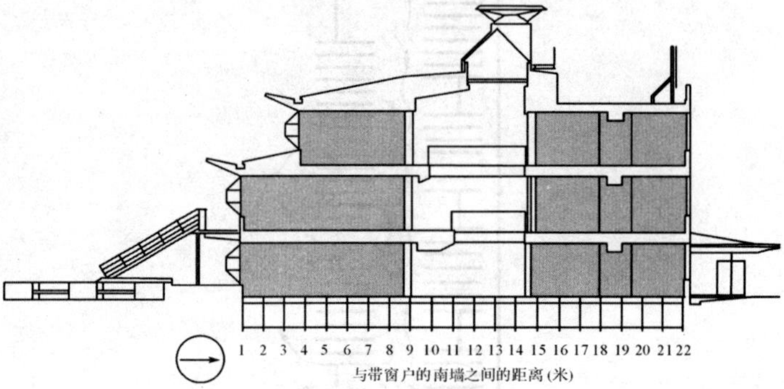

图 3.10　英国剑桥爱尼卡大楼中庭的剖面

高宽比恰好为 3∶1，给建筑的核心部分带来了自然光线(图 3.10)。其中庭北侧的墙壁使用了白色的粉刷，将自然光线向南侧反射，不仅可以照亮整个中庭，还可以为南侧的办公室补充照度(图 3.11)。

① 林宪德.绿色建筑生态·节能·减废·健康.北京:中国建筑工业出版社,2007:24—27

图3.11　英国剑桥爱尼卡大楼的中庭

3.3　屋顶的绿色设计方法

3.3.1　屋顶自然通风的季节性调控

在很多地区，气候都存在明显的季节性差异，通常冬夏两季气候较为严酷，春秋两季则气候温和。在不同季节，建筑自然通风的控制策略都会发生相应的变化，不仅通风量会发生变化，通风方式也会有明显区别。因此，中庭屋顶的自然通风存在夏季、冬季以及春秋季三种模式；而冬夏两季又分别包括白天和晚上两种情况。

1. 夏季模式

(1)白天：中庭屋顶侧面开敞，上部空间受阳光辐射作用，加热后空气与房间内排放到中庭内的热气在一定高度处混合，从屋顶开口处排出，底部则由室外新鲜空气补充。这种通风使得中庭底部空间温度适宜，可以基本满足人的舒适度需求；然而中庭上部形成的气流却较为复杂，高度越高，在顶部形成的气压越大，越容易向上部房间倒灌，增加上部房间的能耗及空气污浊度。所以，纯粹依靠屋顶的开启满足自然通风，对中庭底部空间具有较好的降温作用，但随着中庭高度的增加，整体降温效果将减弱，且上部的风环境趋于复杂。

(2)夜晚：中庭屋顶开启，室外空气温度降低，冷空气因重力作用从顶部向下移动，与中庭内空气混合，室内温度逐渐降低。底部冷空气由于风压作用向中庭内渗透，汇集到中庭底部。所以，纯粹依靠自然通风在夏季晚上能形成中庭上部和下部空间较好的冷却效果，但在接近中庭中部一定高度处，由于中庭的中和面效应，通风带来的降温作用最弱；而且中庭高度越高，温度分层越明显[①]。

中庭建筑大多为公共建筑，公共建筑的使用特点是间歇性使用(旅馆建筑除外)，而夜间室外气温冷却得快(尤其西北干热地区)，室内气温降低得慢，室内温度高于室外温度；因此，在夏季夜间，可打开所有开口以引导有效的通风，降低室内气温，为白天舒适的室内热环境做好准备。

2. 冬季模式

(1)白天：中庭屋顶关闭，阳光透过顶部加热中庭内空气，气流无法直接排出室外，通过中庭与室内空间气流进行交换，在循环过程中为室内空间带来热量，中庭内新鲜空气必须借助其他措施来补充。

(2)夜晚：中庭屋顶关闭，中庭内空间气流自我循环，中庭作为室内外空气的冷缓冲层，减小室内空间通过夜间辐射造成热量损失。

3. 春秋两季模式

自然通风成为主要通风方式，通过中庭通风口的抽风装置抽出空气，促进中庭内部的空气循环。

例如，德国盖尔森基尔兴科技园是北莱因威斯特伐利亚兰德政府于1989年制定的环境改善十年计划中的一个富有创造性的项目。9个研究用房沿一个长约300米的西向临湖的狭长形中庭依次排列。中庭高三层，外侧为倾斜的玻璃幕墙，内部设有商店和咖啡馆等公共场

① 李海英，白玉星，高建岭，王晓纯. 生态建筑节能技术及案例分析. 北京：中国电力出版社，2007：115

所。中庭的正面安装可随季节变化而自由调节的隔热玻璃。在冬季，可将低处的挡板关闭，中庭便成为一个温室，有利于节约采暖能耗；在夏季，可将挡板滑向上方，就像是大型的上下推拉窗。经过水面冷却的冷空气便可从玻璃墙面下部吹入中庭内部，而室内的热空气则由玻璃墙面与屋顶的接合处缝隙中排出(见图 3.12)。除此以外，地板下还设有调节室温的水冷系统，调节过程中被热空气加热的水在晚间则可向室内补充热能。

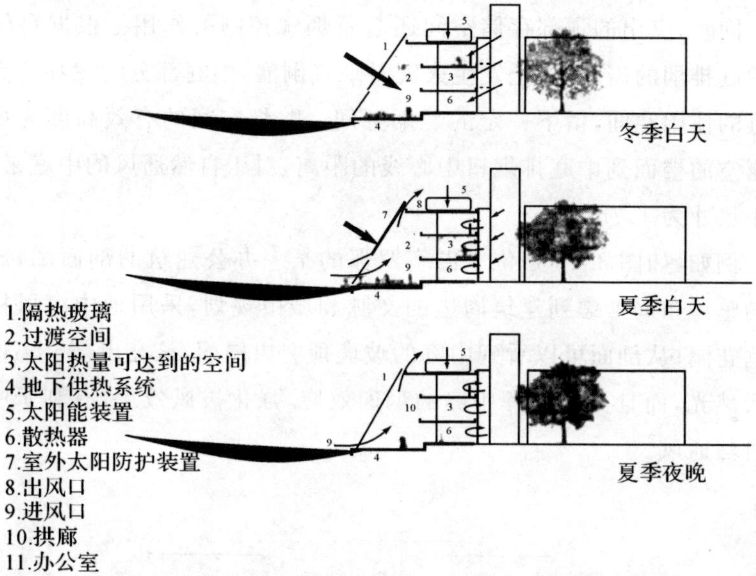

图 3.12　德国盖尔森基尔兴科技园的通风模式

3.3.2　促进自然通风的方法和措施

如第 2 章所述，风压通风主要依靠建筑物迎风面与背风面的压力差。热压作用主要取决于室内外空气温差和进出口位置的高差，这两个条件缺一不可。与热压作用相关的重要概念是中和面，即只有处于中和面以下的窗洞，空气才由室外流入室内，并从中和面以上开启的洞口排出室外。进出风口高差越大的空间，热压通风越容易实现。因此，以下几种方法能促进热压通风：

1. 突出屋面，提供侧向通风

一般来说，采暖中庭应尽量让阳光照入中庭内部，有必要在顶部空间提供一定的存储容积，以收集热空气。所以，进行自然通风的中庭顶部都会突出屋面，尤其是核心式和内廊式的中庭，一方面便于在突出部分的侧面开窗作为气流出口，一方面可以利用扩大部分积存空气，使之受热，以利用热压强化中庭的烟囱效应。

同时，突出的顶部存储空间还起着烟气控制的作用。根据自然通风中庭排烟的需要，防止发生火灾时烟气倒灌，中庭部分的屋顶应高出临近的使用空间，留下一定的贮烟空间。贮烟空间的有效高度为最顶层露空的楼面到中庭排烟口中心线的距离，对于自然通风的中庭来说，最小尺寸为 1.7m[①]。

例如，如图 3.13 是位于巴塞罗那的某一办公建筑的剖面图，该建筑的整体布局考虑到建筑周边的文脉和城市规划，采用地中海风格的中庭花园；从剖面可以看到中庭的玻璃顶突出屋面，该突出部分不但引入天然光，而且更能发挥中庭的烟囱效应，强化拔风效果，有利于中庭的自然通风。

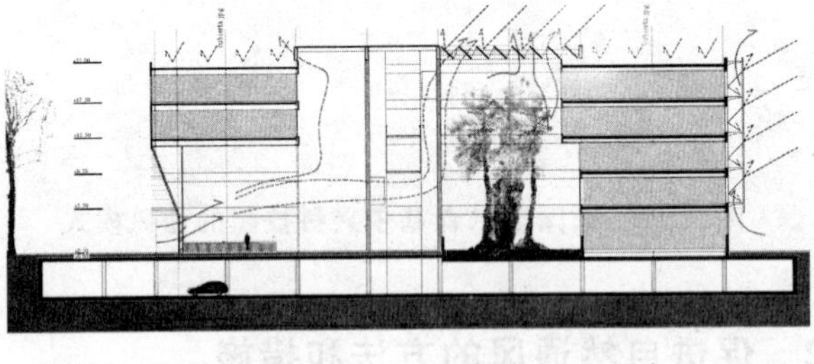

图 3.13　巴塞罗那某一办公建筑的屋顶剖面

① 理查·萨克森著，戴复东吴庐东译. 中庭建筑开发与设计. 北京：中国建筑工业出版社，1990：116

2. 设置烟囱增加出风口的高度

中庭的出风口高度可以通过设置烟囱来增加。烟囱的主要功能是为了通风，同时还可以作为采光井、太阳吸收器等。烟囱可以是一个单独的烟囱，也可以是围绕建筑的几个小烟囱。

在当今的绿色建筑设计中，经常使用采光井、通风烟囱和风塔等构件来帮助中庭进行入风和排风，烟囱还常常成为绿色建筑的标志性构筑物。

英国考文垂大学弗雷德里克·兰切斯特图书馆由于场地的限制，进深很大，立面封闭，但通过利用采光井及周边管道为建筑换气，成为了一座全部利用自然通风的建筑。新鲜空气通过位于一层和地下一层之间的分别为建筑的 4 个采光井服务的增压室后进入建筑室内（见图 3.14）。使用者以及电脑散发的热量加热室内空气，聚集在高出屋面 3.9m 的顶棚下，通过中央采光井、周边的 4 个小型风塔以及排风管道排出室内不新鲜的空气（见图 3.15）。

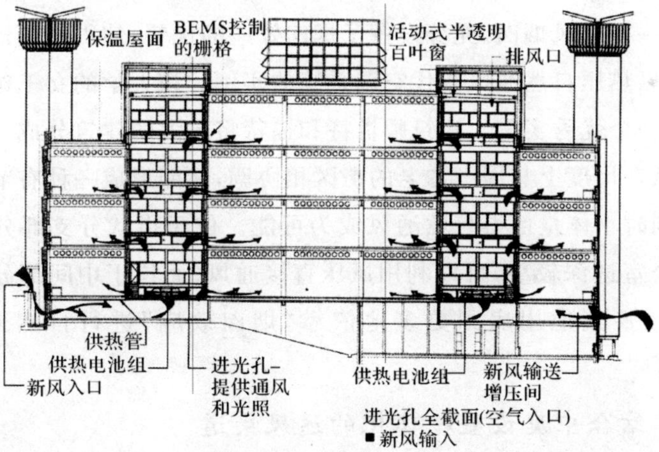

图 3.14　考文垂大学弗雷德里克·兰切斯特图书馆的进风示意图

位于英国的莱彻斯特的蒙特福特大学的机械与制造学院是一个利用中庭进行热压通风的经典范例。这座建筑利用贯通 3 层的狭窄中庭

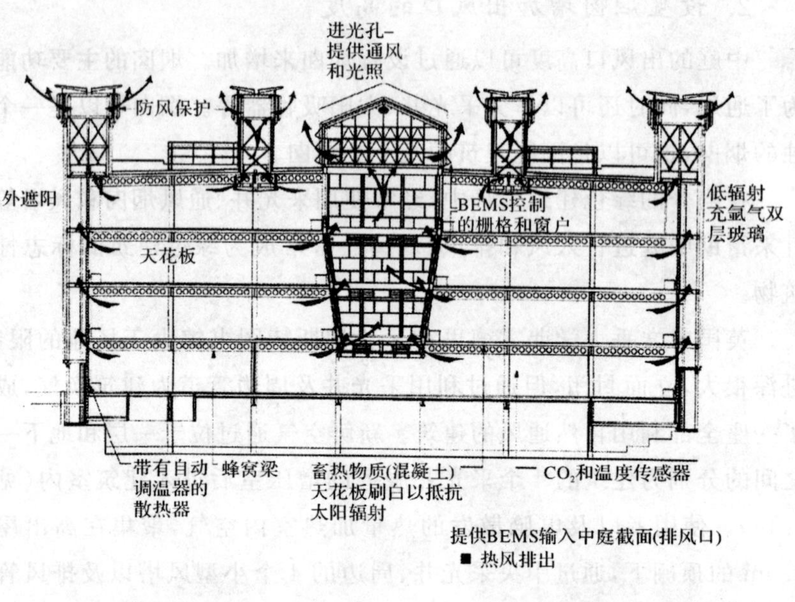

图 3.15　考文垂大学弗雷德里克·兰切斯特图书馆的排风示意图

并配合一些通风烟囱，充分发挥了烟囱效应的优势，使得这座建筑成为第一个以热压自然通风取代空调系统的实例。该大学的女王馆是混合通风的一个优秀实例。建筑师肖特和福特将庞大的建筑分成一系列小体块，既在尺度上与周围古老的街区相协调，又能形成一种有节奏的韵律感，同时小体量使得自然通风成为可能。位于指状分支部分的实验室、办公室进深较小，可以利用风压直接通风；而位于中间部分的报告厅、大厅及其他用房则更多地依靠“烟囱效应”进行自然通风（见图 3.16）。

3. 结合中庭设置一体化的通风渠道

把中庭作为生态交换空间，通过建筑结构层与中庭空间的一体化设计，建立整座建筑的通风渠道将有利于建筑的自然通风。

例如，上海生态建筑示范楼在建筑的东部设置了中央中庭，玻璃中庭的最高处设计了一个和斜屋面同角度的屋顶排风井道和中庭相连通，形成大楼整体的自然通风井道。各层通风口均采用屋顶小花园，设置适当植物绿化，让室外空气通过植物的净化和过滤进入室内（见图 3.17）。

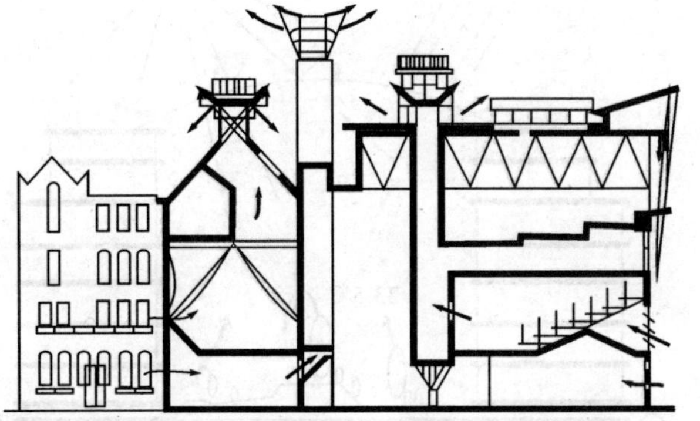

图 3.16　蒙特福德大学女王馆通风示意图

图 3.17　上海生态示范楼的剖面和外观

戴姆勒·克莱斯勒办公楼的中庭完全采用自然通风，建筑利用商业裙房和办公楼中间的夹层作为风室与中庭共同形成天然的通风井道（见图 3.18）

4. 设置倾斜的开启天窗，加大顶部排风窗的开口面积

自然通风通常意义上指通过有目的地开口，产生空气流动。为了便于在屋顶设置内部热气的排出口，避免水平天窗因雨雪天气无法打开的困境，一般会考虑设置竖向或者倾斜的开启天窗。

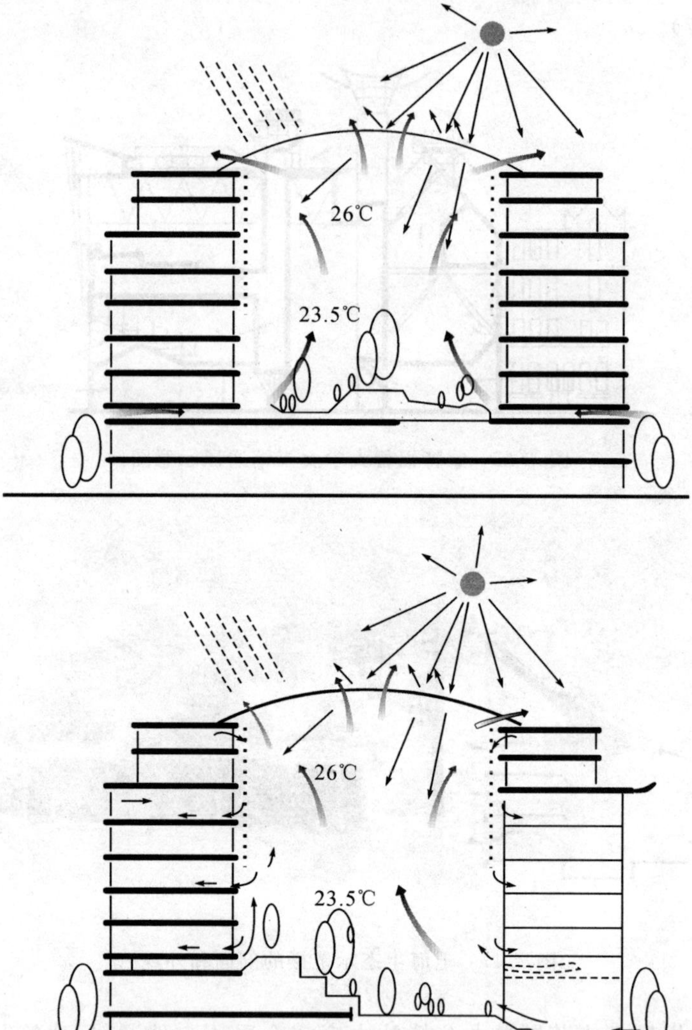

图 3.18　戴姆勒·克莱斯勒办公楼的剖面通风示意

另外,进风面的斜屋面可以形成吸力,起到兜风的作用,与中庭的通风井道配合,可形成自然的通风渠道。例如,上述的上海生态示范楼就采用了斜层面。

对于把自然通风作为一项重要能源策略的绿色建筑来说，一些精心设计的控制系统会更及时地对天窗的开启需求做出调整。例如，前面提到的考文垂大学弗雷德里克·兰切斯特图书馆使用一种“建筑能源管理系统(BEMS)”，它会根据感应器所提供的室外气温、风强度、室内温度和 CO_2 浓度等信息来改变入风口闸门的开闭状态，控制中庭的通风。

5. 利用机械辅助式通风

对于一些进深很大的中庭，由于通风路径较长，流动阻力较大，单纯依靠自然的风压、热压往往不足以实现自然通风。当中庭的自然通风不能满足中庭通风的舒适度要求时，如第2章所述，就需要适当地使用一些机械通风设备，来辅助自然通风完成中庭的通风要求。此外，除了某些特定地点的实验性建筑以外，在夏热冬冷地区，在保证中庭空间一定舒适度的前提下，要做到完全的自然通风几乎是不可能的。

英国新议会大厦(1992年)出自迈克尔·霍普金斯大师之手，其位于伦敦重要的历史地段，设计了一套精巧的机械辅助式通风系统。为了避免伦敦的汽车尾气等有害气体、尘埃以及噪声进入建筑内部，霍普金斯将整幢建筑的进气口设在檐口高度，并在风道中设置过滤器和声屏障，以最大限度地除尘、降噪。新鲜空气通过机械装置被吸入各层楼板，并从靠近走廊一侧的气孔排出。此后进入利用热压的自然通风阶段。房间内热气体通过房间上方靠近外墙的气孔进入排气通道，最终再次从屋顶排出。进气和排气通道均设置在外墙，彼此平行相邻，每四个开间为一组，共用一套进、排气装置。在冬季，冷空气在进入房间之前先与即将排出的热空气进行热交换，这有利于缓解冷空气对人体的刺激，并减少热损失。而在夏天则利用地下水来冷却空气，降低了建筑能耗。

在诺曼·福斯特设计的柏林国会大厦改建工程中，也采用了机械辅助式自然通风方式。

柏林国会大厦的议会大厅通风系统的进风口设在西门廊的檐部。新鲜空气经机械装置吸入大厅地板下的风道，从座位下的风口低速而均匀地散发到大厅内,然后再从穹顶内倒锥体的中空部分排出室外。此时,倒锥体成了巨大的拨气罩,自然通风的效果极好(见图3.19)。此外,诺曼·福斯特还把自然通风与地下蓄水层的循环利用结合起来,成为此建筑的一大特点。柏林夏季较热,冬季很冷,设计充分利用自然界的能源和地下蓄水层的存在,把夏季的热能贮存在地下给冬季用,同时又把冬天的冷能贮存在地下给夏季用。国会大厦附近有深、浅两个蓄水层,浅的贮冷,深的贮热,设计中把它们考虑成大型冷热交换器,形成积极的生态平衡。

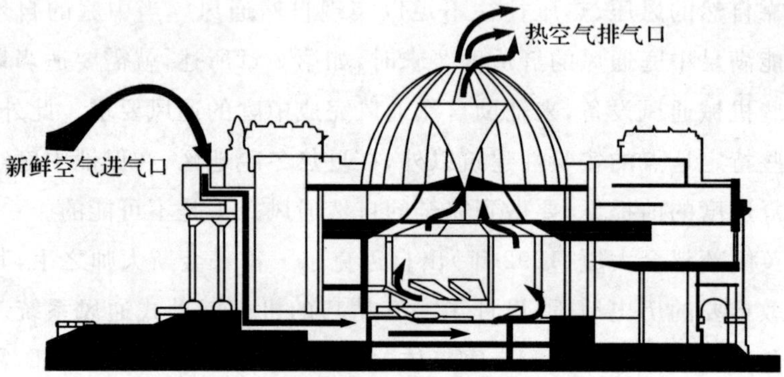

图 3.19　柏林国会大厦通风示意图

3.3.3　有效利用自然光的屋顶设计

1. 水平天窗和垂直天窗的采光特点

常见的采光顶形式有水平天窗、垂直天窗、斜天窗以及锯齿形天窗等。

水平天窗就是屋顶上的水平开口,是普遍采用、使光线进入中庭的有效方式。一般最佳天窗窗地比可以为5%～10%或更高,具体数值根据玻璃的透射率、天窗设计的效率、需要的照度水平和顶棚的高度而调整。

垂直天窗是指与水平面垂直的采光天窗,也是普遍采用、且容易开启的采光方式。

在全阴天以及高的太阳角度的条件下，水平天窗比垂直天窗收集更多的光线，在低太阳角和反射光的情况下，垂直天窗收集更多的光线（见图3.20）。

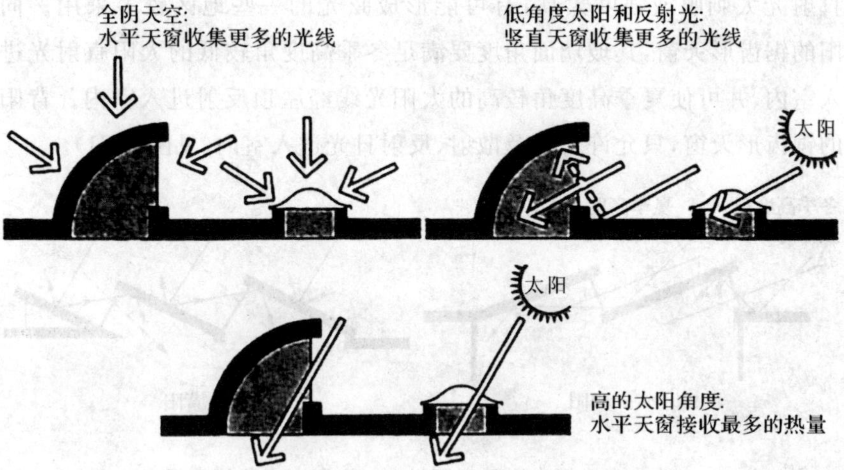

图3.20　天窗的位置与自然光

2. 提倡适宜的倾斜度

在夏季，太阳高度角较大，一个水平面比一个垂直面要获得多得多的日照。另外，水平天窗收集的直射阳光可能产生眩光，一般需要采用散射玻璃，以控制太阳辐射。采用水平天窗常常还要考虑在天窗下设置挡板，将一些反射光反射到顶棚表面，使得顶棚成为相对较大的非直射光源，减少光源对背景的反差。

因此，有时要综合考虑屋顶的倾斜度，既要促进屋顶的天然采光，又要考虑夏季的遮阳，提倡有一定倾斜度的天窗。斜天窗有利于向四周排水，且构造简单，坡度可根据具体情况有较自由的变化，是一种较为经济的采光屋顶。如果屋顶朝北倾斜，则室内光线比较均匀；如果屋顶朝东、朝南或朝西倾斜，室内的光线及阴影会随着太阳方向和高度角的变化而变化。采光顶的坡度一般为18°～30°，每一坡面的长度不宜过大，一般控制在15m以内，是一种较为经济的采光屋顶。采光效率会随屋顶倾斜度的增加而降低，而且光线分布形式同侧光照明更相似①。

锯齿型天窗作为斜天窗的一种特殊形式，有利于消除眩光，在太阳直射光太刺眼或强度太高，有可能形成眩光的一些地区较多采用。向阳的锯齿形天窗，其玻璃面角度要满足冬季高度角较低的太阳直射光进入室内，并可使夏季高度角较高的太阳光线经屋顶反射进入室内。背阳的锯齿形天窗，只允许天光及散射、反射日光进入室内（见图3.21）。

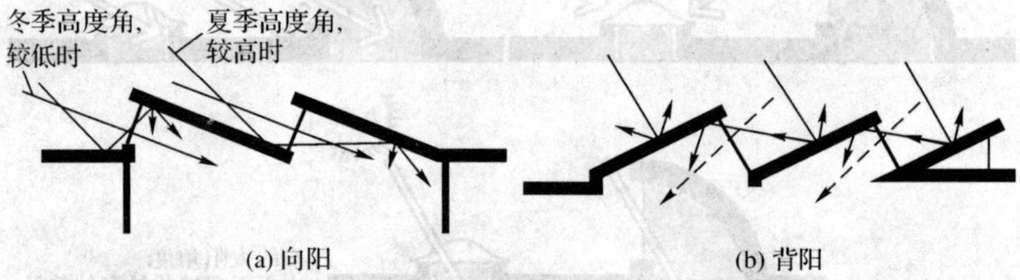

图3.21　锯齿形天窗倾斜度与太阳高度角的关系

3. 协调采光与遮阳的措施

夏季为了自然采光而进入过多的太阳光线，会引起中庭过热，需要进行遮阳处理。遮阳措施会降低中庭的进光量，使得在冬季中庭底部甚至需要人工照明来补充不足的照度。解决这一矛盾的办法可以使用可移动的遮阳装置或者比较先进的日光偏转系统，控制中庭的透光量随季节的变化而变化。也可把遮阳装置安装在双层玻璃顶棚里。白天打开反射膜或百叶，由于双层玻璃的吸热作用，室内温度升高；晚上，关闭反射膜或百叶，阻挡室内热量流失，起到保温作用。

例如，由慕尼黑建筑师考普和舒尔茨共同设计的慕尼黑新贸易展示大厦，在顶棚玻璃窗处采用了一套日光偏转系统。冬季的太阳照射角度低，系统就会通向南面；而夏季的太阳直晒强烈，系统就会转向北面

① 理查·萨克森著，戴复东吴庐东译.中庭建筑开发与设计.北京：中国建筑工业出版社，1990：116

天空，以抵挡太阳直晒，同时也不影响中庭自然采光的质量(见图3.22)。

图 3.22　慕尼黑新贸易展示大厦中庭屋顶的日光偏转系统

还可以利用梁板体系进行自遮阳。隔热屋顶应该尽量避开大面积的水平天窗，但如果设置了较大面积的水平玻璃屋顶时，可以把屋顶的梁板体系加高加密，形成隔栅的形式，并控制好隔栅的间距和高度，形成屋顶自遮阳也是一种有效的遮阳手段(见图 3.23)。

同时还需要注意一些构造处理上的细节，大面积采光天窗所用的玻璃材料，最好反射系数较大，这样可以减少入射的阳光；顶棚上可以设置反射薄膜或百叶，以便反射阳光。例如，英国斯拉夫与东欧研究学院伦敦大学学院采光中庭敷设双层 ETTE 膜材结构，这种膜结构很

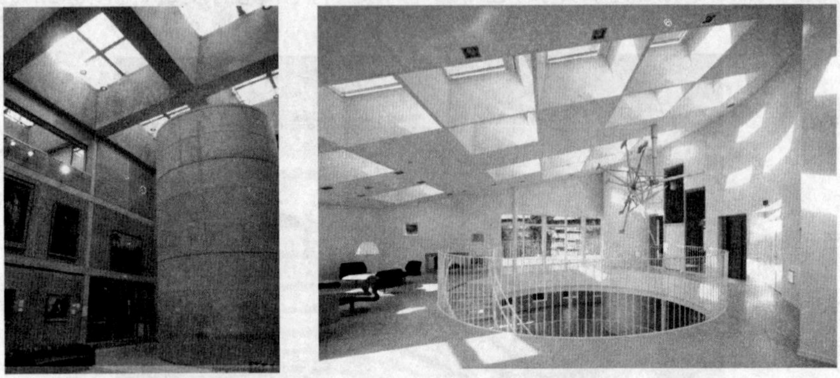

图 3.23　利用梁板体系的自遮阳

轻，不需要过多的结构材料支撑，材料的透明度很高，它可以使大量的光进入室内。

4. 案例

美国辉瑞中心(GENZYME CENTER)是综合运用中庭采光技术较为成熟的一个实例。建筑中庭从下至上贯穿 12 层楼高度，如一个树型结构连接起了从建筑中央到立面的各种各样的空间。中庭通过以下多种途径实现了自然采光。

(1)中庭天窗上方的太阳光折射系统把自然光折射入建筑底部。当感应器感应到某个区域有足够的自然光，人工照明就逐渐自动调暗直至关闭，节约了能耗。

(2)中庭内的自然光是通过中庭屋顶北部安装的 7 个日光定向反射器以及一系列安装在南部的固定镜子反射进来的。中庭的屋顶安装了一个带有棱镜的遮阳系统，能够有效地控制反射和漫反射进入建筑的光线量。直射的太阳光进入中庭，通过反光的水面漫射到室内周围。

(3)带反射折光板的吊灯安装在中庭内，折射到折光板上的光线只有在特定的角度能够通过，而在别的角度则是被反射。这些折光板不仅将进入中庭的光线折射到四周的办公空间，并且控制光线反射的角度范围，避免了阳光直射引起的眩光(见图 3.24)。

图 3.24　辉瑞中心带反射折光板的吊灯

(4)中庭自南向的反光栏板和光墙增强了自然采光。光墙带有可以移动和开合的垂直百叶，可根据它们的位置在不同角度反射光线，甚至可以利用自身的开合来控制进入办公区间的光通量。在建筑四周这种百叶也被用来反射太阳直射光，只让漫射的自然光进入办公室。高精度的控制系统可根据太阳的不同位置重新组合这些片状薄板，高准确度地完成自然光反射和漫射的过程，也更有效地分布自然光。通过这种独特的采光组合，大大提高了整个自然采光的整体水平①。

① 北京方亮文化传播有限公司. 世界绿色建筑设计. 北京：中国建筑工业出版社，2008：132－143

3.4 外立面的绿色设计方法

3.4.1 较多大玻璃的外立面特征

1. 确定适宜的窗墙比

建筑外立面的材料基本可以分为不采光的实体墙面和能够采光的虚体玻璃。中庭能否实现室内外的密切联系，能否获得足够的自然光，与玻璃采光面的大小有直接的关系。大尺度的窗户在室内外之间形成的界限相对较弱，可以将室外景观引入室内。所以，如果玻璃采光面过少，则达不到中庭开敞通透的空间效果，以及自然采光的目的；但采光面过多，在夏热冬冷地区往往会出现夏季过热和冬季过冷的现象。

因为，由室内外温差造成的穿过外围护结构的热流量，取决于温差的大小、外围护结构材料的热阻以及外围护结构的面积。如果外围护结构是不透明的墙体，外围护结构所接受的太阳辐射热的0%～12%将会传入室内，其比例取决于外立面的颜色和隔热质量；而通过玻璃传入室内的太阳辐射热最高可达到总射入量的85%。所以，在夏季，大面积的玻璃是造成中庭高温的主要因素之一。在冬季，由于普通玻璃的传热系数较高，与混凝土或砖混砌体相比，其热交换热损失要大7～8倍。在冬天，中庭虽然通过采光面采暖，但是由于采光面的保温性能往往较低，中庭室内热量也容易透过采光面散失。而且，在没有阳光的冬季，阴雨天或者寒风凛冽的天气，中庭室内热量损失情况更严重。

正是由于玻璃窗对能耗有着重要影响，在保证建筑设计效果的基础上，玻璃和实墙的比例要精心考虑。决定玻璃面积的影响要素很多，要从与场地的联系、所需的光照性质和氛围、光舒适度、立面形式表达等要素综合考虑。

由于中庭外立面中玻璃的比例较大，就需要重视玻璃的热性能指标。玻璃能够透过太阳光，太阳光遇到玻璃后一部分反射回去，一部分透过玻璃传到室内，还有一部分被玻璃吸收，被玻璃吸收的部分热量使玻璃温度升高，然后通过对流和辐射方式传到室内外。因此，影响玻璃热性能的指标主要有两个：遮蔽系数（与玻璃透射系数有关）和传热系数 K。

对于太阳光的远红外热辐射而言，玻璃不能直接透过，只能反射或吸收它，被吸收的热能最终将以对流、传导的方式透过玻璃。因此，远红外热辐射透过玻璃的传热是通过对流、传导体现的①。

2. 根据气候选择合适的玻璃种类

结合场地和气候特征，选择合适的玻璃对改善室内热环境，减少中庭的能耗有着重要作用。根据彭小云《玻璃热性能与中庭节能》的研究，对有代表性的夏热冬暖地区、严寒地区和夏热冬冷的玻璃选择建议如下：

(1)夏热冬暖地区玻璃的选择

这个地区中庭的耗能主要为室内外温差传热耗能和太阳辐射耗能，而且太阳辐射耗能占了中庭的大部分耗能。所以，玻璃材料主要应考虑玻璃的透射系数，尽量选择低透射率的玻璃材料。

单片热反射玻璃、Low-E 玻璃、Solar-E 玻璃的透射率较低，遮蔽系数较小，是较好的选择。单片吸热玻璃的透射率比这三种玻璃的透射系数要高，但比透明玻璃的透射系数小，相比而言，也能用于这个地区。透明玻璃透射系数太大，不适用于夏热冬暖地区。

上面四种玻璃材料虽然能取得一定的节能效果，但效果仍很有限，因为玻璃的传热系数太大，无法降低温差传热耗能，所以，应选择中空玻璃。中空玻璃的遮蔽系数小、传热系数低，是夏热冬暖地区中庭玻璃材料的最佳选择。

透明中空玻璃因为较大的透射率仍然不适用于该地区，应选择吸热玻璃、热反射玻璃、吸热的 Low-E 玻璃、Solar-E 玻璃做外片，内片采用透明玻璃、Low-E 玻璃等组成的中空玻璃。这样，外片玻璃吸收绝大部分的太阳辐射，而空气层将外片的热辐射阻挡在外面而不对室内

① 李海英，白玉星，高建岭，王晓纯. 生态建筑节能技术及案例分析. 北京：中国电力出版社，2007：85

产生二次辐射和传热。对于冬季温度较低的一些地区,可以在中庭的南向选用透明玻璃和透明中空玻璃,冬季可以利用太阳能采暖,而夏季由于太阳高度角较高,南向的辐射强度较弱,日射耗能也较少。

(2)严寒地区玻璃的选择

严寒地区的耗能主要是冬季的采暖耗能,夏季基本不需制冷,耗能形式主要为室内外温差耗能。所以,寒冷地区或背阳面的玻璃应以控制热传导为主,常用双层玻璃、中空玻璃、复合中空玻璃等共同发挥保温和隔热效果,窗用薄膜也能提高玻璃的保温和隔热效果。

冬季的日射为有利得热,即利用玻璃的"温室效应"为中庭提供热量采暖。由于保温是这个地区的主要矛盾,所以应采用保温性能好的中空玻璃,同时又希望能够引进太阳辐射采暖,所以透明中空玻璃较合适。对于其他的中空玻璃,外片应采用透明玻璃或 Low-E 玻璃,内片应采用吸热玻璃、热反射玻璃、吸热的 Low-E 玻璃、Solar-E 玻璃。这样,内片玻璃吸收室内热量而温度升高,而空气层将内片的热辐射阻挡在里面而不对室外产生二次辐射和传热,同时外片玻璃能够透过和吸收太阳辐射能,进一步提高玻璃空腔的温度,并传到室内。

对于这个地区的北向玻璃,由于冬季太阳辐射很弱,可以不考虑利用太阳能采暖,只考虑保温,即选择热阻较大的中空玻璃。

(3)夏热冬冷地区

夏热冬冷地区主要是根据夏季的太阳辐射耗能与冬季因太阳辐射得热而节省的能量之间的比较来选择玻璃材料。夏季以遮阳为主,可选择单片热反射玻璃、Low-E 玻璃、Solar-E 玻璃、单片吸热玻璃,中空玻璃选吸热玻璃、热反射玻璃、吸热的 Low-E 玻璃、Solar-E 玻璃做外片,内片采用透明玻璃、Low-E 玻璃等组成的中空玻璃。这样,内片做到将室内热量散发到室外,外片做到反射太阳辐射,而空气层将外片的热辐射阻挡在里面而不对室内产生二次辐射和传热。

夏热冬冷地区范围较广,气候差异也较大,所以,应根据具体的情况来选择中庭的玻璃材料。例如南京地区,夏季日射增加了空调的制冷耗能,而冬季的日射却减少了冬季的采暖耗能,但是,从计算结果得知,夏季的日射耗能多于冬季因日射得热而节省的能量,因此,从总体考虑，还是以夏季遮阳为主。

玻璃材料的选择与夏热冬暖地区类似，选择单片热反射玻璃、Low-E 玻璃、Solar-E 玻璃、单片吸热玻璃，中空玻璃选吸热玻璃、热反射玻璃、吸热的 Low-E 玻璃、Solar-E 玻璃做外片，内片采用透明玻璃、Low-E 玻璃等组成的中空玻璃。

在夏热冬冷地区的某区域，如果夏季的日射耗能小于冬季因日射得热而节省的能量，应以冬季保温为主，同时尽量利用冬季的日射采暖，玻璃材料的选择与严寒地区类似。总之，要根据具体的气候条件和中庭的不同朝向，合理选择玻璃材料，来利用或减弱太阳辐射，增加热阻，从而达到节能的目的。

3. 玻璃构件

玻璃面的金属连接构件、外框会形成冷桥，应选用合适的材料或其他措施来缓解这部分的热损失。也可以在金属连接构件外做保温隔热处理，降低导热系数。为了阻挡冷风直接进入室内，防止冷风渗透，应保证中庭玻璃接缝处的气密性。

3.4.2 利于通风的外立面设计

1. 开口的设计

侧向采光中庭至少有一个侧界面直接对外，合理设计开口朝向、尺寸和开启方式等，有利于组织中庭内部的自然通风。

(1)开口朝向

开口的朝向和位置直接影响室内气流场。当中庭迎风面和背风面均设有开口时，就会形成一定的气流。气流通过室内的路径主要取决于气流从进风口进入室内的初始方向。在许多情况下，风向偏斜于进风窗口可取得较好的通风效果。对于有两个相对侧面采光的双向中庭，通风效果取决于开口的相对位置。

(2)开口的位置

室外风向在水平面内的变化很大，在垂直方向则较小。气流通过室内空间的路线主要决定于气流进入的方向，因此，进风口的垂直位置及设计要求比出风口严格。

(3)开口尺寸

合理选择出风口和进风口的尺寸,可以达到控制室内气流速度和气流场的目的。开启尺寸对气流的影响在很大程度取决于是否有穿堂风。对于单向中庭,仅有一个侧面对外开启,无法形成穿堂风,那么扩大开启尺寸对提高通风效果是有限的。对于有两个侧面对外开口的中庭,能够形成穿堂风,当进风口和出风口的尺寸同时扩大时,室内气流就会增加。当进风口和出风口面积不等时,室内平均气流速度主要取决于较小开口的尺寸。

(4)开口的构造

当风压不够大或者热压效果不太明显的时候,需要进行一些构造上的设计来强化中庭的通风效果。可以在围护结构上做一些处理,使用一些诸如可被控制的"水平导风百叶"来引入新风。例如,诺丁汉大学朱比丽分校的中庭外侧立面上的玻璃导风百叶;湿热地区也可以使用一些多空隙围护结构来增加开放式通风的效果(见图 3.25)。

图 3.25 湿热地区的多空隙围护结构

2. 利用双层幕墙的通风

(1)“可呼吸”的双层构造

双层玻璃幕墙作为建筑的外围护结构，拥有独特的复合构造特征。这种可变化的构造，可以实现有组织通风、设置遮阳、引入阳光等目标。

双层玻璃幕墙一般由双层玻璃组成，在两层玻璃之间有一定宽度的空隙形成空气夹层，中间配有可调节的百叶。在冬季，空气夹层和百叶可以形成一个利用太阳能加热空气的装置，在温室效应下形成一个气候缓冲层；在夏季，则可以利用热压原理将热空气不断从夹层上部排出，利用空气流动带走热量，共同形成中庭建筑的自然通风体系。

如图 3.26 为利用双层玻璃幕墙组织通风的构造示意图。图中(a)为冷季白天，(b)为热季白天。冬季，双层玻璃之间形成一个阳光温室，有利于提高内表面温度。白天，打开内侧玻璃的上下开口，热空气上升，进入室内，室内的冷空气从下开口出来，经太阳加热又进入室内，从而提高室温。晚上，关闭开口和百叶，防止热量散失。夏季，白天关闭内侧两开口和百叶，打开外侧两开口，利用烟囱效应对通风道进行通风，带走玻璃之间的热空气，达到降温的目的。晚上，打开所有开口，降低中庭温度[①]。

(2)热通道(换气层)的宽度

双层玻璃幕墙的内幕墙一般采用明框幕墙或活动窗，或开有检修门，便于维护和清洁；外幕墙可采用有框幕墙或点式玻璃幕墙。内层与外层幕墙之间形成一个封闭的空间，空气可以从下部进风口进入这一空间，又从上部排风口离开这个空间。这一空间经常处于空气流动状态，称之为热通道，简称换气层。

热通道的宽度应根据幕墙功能和结构特点来确定。从理论上讲，50mm 的通道宽度可满足保温隔热的要求；100mm 的通道宽度可满足隔声的要求；由于工艺性和清洁维护的要求，空气通道的宽度一般都不小于 150mm，如果通道内需要走人，其宽度一般不能小于 450mm，而

① 彭小云，柳孝图. 中庭的热环境与节能探讨. 工业建筑，2002：32

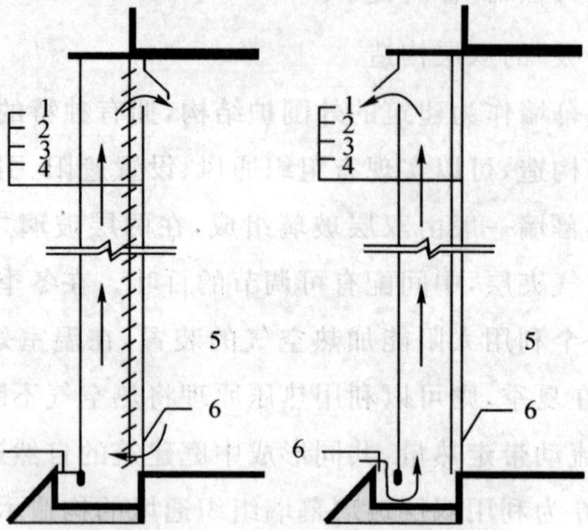

(a) 冷季白天　　(b) 热季白天

1—吸热玻璃；2—空气层；3—可调百叶；4—隔热玻璃；

5—中庭；6—推拉式开口

图 3.26　利用双层玻璃幕墙组织通风

且还要设走人格栅，既可减轻自重，又可保证气流的流通。

(3)非透明式双层幕墙

非透明式双层幕墙是指建筑外表皮不是采用透明的玻璃，而是采用其他的非透明材料，但与双层玻璃幕墙具有相同的生态原理。非透明双层幕墙在材料利用上更加多样化，建筑外立面的表达更加自由和富有表现力。

根据非透明式双层幕墙围护结构材质及构造方式的不同，可分为外层封闭式与外层开敞式两种。外层封闭式主要用于寒冷地区，封闭的空气层增加了围护结构的热阻。外层开敞式往往外层由开敞的格栅组成，格栅的种类包括木格栅、钢木百叶等，内层为充当结构层的围护结构。

例如，皮亚诺设计的吉巴欧文化艺术中心，为了在建筑物内部形成被动式通风，皮亚诺设计了双层系统。建筑的外皮分两层，分别由外部弯曲的肋板和内层垂直的肋板构成，这两排肋板都由胶合板制成。这种双层皮系统能让空气在两层肋板结构间接自由地流通。设在外层的开口则用于引导来自海洋的季风，或者引导所需要的气流。内界面由百叶窗以一种不均匀的方式排列组成，引导、调节建筑所需要的气流。风力增强时，内层界面的百叶就会自动自下而上依次关闭（见图 3.27）。

图 3.27　吉巴欧文化艺术中心

3.4.3　外立面的遮阳设计

1. 兼顾遮阳、采光和通风

遮阳可以抵挡太阳辐射，降低室温。但是，遮阳设施会减少进入室内的光线和自然风，特别是阴雨天设置了遮阳措施后，一般室内照度约降低 53％到 73％；室内风速约降低 22％～47％。因此，遮阳设计还要考虑采光，少挡风，最好能导风入室。

当外部温度高于热舒适区域的时候，中庭应处于遮阳和避风的状态，即阳光和风都应被阻挡的状态适于中庭围护结构的设计。当外部温度低于热舒适区域的时候，中庭应处于采光和避风的状态，即接受阳光并阻挡风的状态适于中庭围护结构的设计。所以,主要采光面和通风面的位置和大小要根据不同的季节和时间段,综合考虑日照、通风和遮阳等因素。

因此,首先要综合考虑采光和遮阳,利用遮阳板的反射,使遮阳设置有再反射和再分配光的作用,将自然光引导到室内深处。遮阳的设施从简单的光栅到高级的玻璃遮阳系统,它们的主要作用就是提高光水平的一致性,包括降低窗口附近的光照,提高室内离窗较远空间的光照等。其次,可利用遮阳板作为引风装置,增加建筑进风口的风压,对通风量进行调节。遮阳构件或百叶叶片的开启角度不同,对风向和风力可起到不同的导向和控制作用,满足不同气候的通风要求。

2. 选择合适的外遮阳

(1)影响外遮阳的因素

外遮阳是一种经济有效的节能方式,研究表明,常见外遮阳所获得的收益在10%～24%,而用于外遮阳的投资则不足2%。

当窗口的遮阳形式符合朝向所要求的形式时,遮阳后同没有遮阳之前所透进的太阳辐射热量的百分比,叫做遮阳的太阳辐射透过系数。由实测得知:西向窗口用挡板式遮阳时的太阳辐射透过系数约为17%;而南向用综合式遮阳时,约为26%;南向用水平式遮阳时,约为35%。在开窗通风而风速较小的情况下,遮阳房间的室温一般比没有遮阳的约低2℃左右。可见,外遮阳遮挡太阳辐射热的效果是相当大的。

进行外遮阳设计时,要根据气候、窗口朝向和房间用途这三方面来决定采用什么遮阳形式,还要考虑需要遮阳的月份和一天中的时间等因素,并满足夏天能遮阳、冬天不影响必需的日照;晴天既能防止眩光,阴天又不致使室内光线太差,最好还能防雨;要尽量减少对通风的影响,最好还能导风入室;外遮阳的构造要简单、经济耐用,可能条件下同建筑立面设计配合,以取得美观的效果。

(2)固定式外遮阳

固定式外遮阳根据遮阳构造的形式不同,可以分为以下四种。

水平式遮阳：能够有效遮挡高度角较大的，从窗口上方射来的阳光。适用于南向房间的遮阳；当需要挑出更长时，可以改变成两层或多层的水平遮阳板，这样既可缩短挑出的总长度，又可获得同样的遮阳效果，适用于南向和接近此朝向的窗口。

垂平式遮阳：能够有效遮挡高度角较大的，从窗口两侧斜射进来的阳光。适用于东北、西北和正北向窗户的遮阳。

挡板式遮阳：能够有效遮挡高度角较小，平射到窗口的阳光。这种方式适用于东向、西向和接近这两个朝向的窗口遮阳。挡板可以是固定叶页式的或花格的，有利于乘凉、通风，同时能部分遮住东、西向的日照。

综合式遮阳：这种形式是水平式与垂直式组合起来的形式，能有效遮挡高度角中等的、从窗前斜射下来的阳光，遮阳效果比较均匀。适用于东南、西南和正南向窗口的遮阳。

(3)活动式外遮阳

遮阳设施应满足不同季节，不同气候状况下的使用要求，做到灵活可控，以降低太阳辐射的影响，节约能源。活动式外遮阳具有良好的遮阳效果，适用于夏天需要遮阳、冬天需要阳光采暖的外窗。活动式外遮阳较好地解决了遮阳与通风、采光、观瞻的矛盾，但造价较高，要求设施与建筑连接牢靠，保证安全。

活动遮阳控制方式可手动，也可根据室内外温度及日照强度自动调节遮阳设备，有条件的建筑可进一步安装光感元件、温感元件及电动执行机构，以实现智能化全自动控制。

3. 自遮阳的种类

除了上述的附加遮阳措施以外，还可以利用建筑本身构件和形体来形成自遮阳。

(1)选择性透光遮阳

选择性透光遮阳是指利用窗玻璃或粘贴在玻璃上的贴膜对阳光进行选择性的吸收、反射(折射)来达到控制太阳辐射的一种遮阳方式。大型中庭中常见的有热反射型镀膜玻璃、吸热型有色玻璃、低辐射玻璃和贴在窗玻璃上的热反射薄膜等。

热反射玻璃的光作用机理是将大部分太阳辐射热反射出去，吸热玻璃的隔热机制是吸收大部分辐射热。虽然热反射玻璃对阳光的直接阻隔能力较吸热玻璃差，但由于吸热玻璃在二次辐射过程中向室内放出的热量较多，故两者的实际隔热能力相当。低辐射玻璃的采光透过率达80%左右，太阳热反射率在20%左右。比较这些材料的光物理特性，前两种的隔热效果最佳，但透光率太低，影响采光，不利于冬季日照；低辐射玻璃因为它的高透光率更符合人们的生活习惯，还可以减少室内照明能耗，综合性能更为优异，但其造价较高。

还可以利用彩釉玻璃对阳光的遮挡作用来遮阳。彩釉玻璃是通过丝网印刷技术在透明玻璃上印制各种不透明的花纹而形成；用于幕墙的彩釉玻璃，常常采用更粗大的印刷花纹。

英国牛津大学生物化学系馆，外墙的图案是鱼鳍的夹层玻璃幕墙，配合丰富的红色、赤橙和棕色的色彩百叶，建筑立面以丰富的艺术效果和节能效果展现在眼前。

(2)利用倾斜

我们常常看到很多绿色建筑利用体量和采光面的倾斜变化来形成自遮阳，减少日辐射。

例如，宁波诺丁汉大学可持续技术研究中心只有南向为双层玻璃幕墙，其他三面均为彩釉玻璃和铝制肋条组成扇骨形的不透光肌理。这样既能阻挡冬天的北向寒风，引导南向气流，同时获得最佳采光面。外层幕墙以及建筑体量整体倾斜来遮阳，并使建筑从各个角度看都有不同效果(见图3.28)。在冬至日，整个白天建筑南向立面完全处于阳光之中，充分利用被动式太阳得热预热进入室内的新风，有效地减少整个建筑的采暖需求；在夏至日，由于建筑南向立面向前倾斜，建筑在大多数时间段内南向立面处于阴影中，较好地避免了夏季的太阳直射。为避免眩光，位于南面双层玻璃立面内侧的幕墙设有细穿孔格板(兼作检修通道)，既遮挡直接太阳辐射，又保证了自然光线的散射和穿透。

(3)利用凹凸变化

常常有利用立面门窗体系的凹凸变化来形成自遮阳。

图 3.28　宁波诺丁汉大学可持续技术研究中心的自遮阳

例如，丹麦的第一个碳中和公共建筑(green lighthouse)的 3/4 的节能效果是来自建筑物圆柱形的特殊结构，建筑物本身是面向太阳的，这样建筑本身可尽量扩大太阳能资源的采集。而窗户和门都建成凹进的形式，以减少夏季建筑物内对太阳热量的直接吸收。在优化建筑遮阳方面，在建筑的首层设计了大屋檐，为西南向具有大块玻璃的建筑入口进行遮阳；窗户的电动百叶会随着太阳的方位而自动升起和放下，起到自动遮阳的效果(见图 3.29)。

4. 一体化的幕墙遮阳设计

大部分采光中庭的采光面使用玻璃幕墙，玻璃幕墙往往追求的是简洁、纯净的设计风格，在玻璃幕墙设置一般的栅栏来遮阳往往破坏了立面的艺术效果，还带来维护困难等问题。因此，注重遮阳设施与玻璃幕墙的一体化设计是十分必要的。

(1)金属遮阳设施

金属材质的遮阳设施比较容易与玻璃幕墙系统形成一体化的设计。金属遮阳设施使用得最多的是铝制遮阳板，其优点是在紫外线、潮

图 3.29　丹麦碳中和公共建筑(green lighthouse)的自遮阳

湿、高温和腐蚀等恶劣环境中均能长期使用,不需特别维护。铝合金材质的可塑性强,百叶的造型和表面处理都很灵活,可以氟碳喷涂成各种颜色。还有不锈钢管遮阳,有些工程采用不锈钢管内部形成水流管网,用水冷却,不仅降温效果好,还可以提供热水或温水①。金属遮阳措施主要可以分为以下几种:

1)金属百叶遮阳板

金属百叶遮阳板一般采用铝合金材料进行加工,百叶的叶片形状很多,为建筑外立面的多样化作出了贡献。遮阳板可水平安装也可垂直安装,其强烈的金属质感使得建筑富有现代感(见图 3.30)。

2)金属孔板网

金属孔板和金属编织网是较常采用的遮阳形式。金属孔板因不同的穿孔率而形成不同的遮阳效果,它不仅可以直接作为建筑的遮阳面,

① 李海英,白玉星,高建岭,王晓纯.生态建筑节能技术及案例分析.北京:中国电力出版社,2007:111

图 3.30　金属百叶遮阳板

还可以作为遮阳材料进行加工，制作成不同形式的遮阳百叶（见图 3.31）。在金属板上作打孔、轧花处理，孔径、形状、排列方式和表面肌理的差异都直接影响到遮阳效果。

图 3.31　金属孔板网遮阳

3)智能铝百叶遮阳帘

室外智能铝百叶遮阳帘由EVB电机驱动,帘片宽度一般为50mm和80mm。安装在室外的电动百叶遮阳帘需要采用钢丝导向固定或边槽固定以防走偏,同时安装光风控制器,根据设定的光风控制值自动控制。顶部采用机械限位,帘片升到顶部后遇机械限位就自动停止①。

(2)织物和膜材制成的遮阳帘

织物和膜材制成的遮阳帘使用方便,而且织物和膜材特殊的柔软质地会给中庭塑造一个特殊的空间氛围(见图3.32)。织物和膜材一

图3.32 织物遮阳

① 景颖.玻璃幕墙外遮阳设计探究.山西建筑,2009,35(4):53

般采用玻璃纤维或聚酯纤维面料。有些面料通过特殊设计和处理后，可以从室内透过织物欣赏室外的风景，而室外的人看不到室内的情况。织物采取特殊织造技术，可以形成两面深浅不同的面料。浅色朝外隔热，深色朝里，达到高透明度并控制眩光的效果。织物一面镀金属膜，可以达到更好的抗热辐射效果。

3.5　国内外绿色中庭实践的比较

上述降低中庭能耗的各种方法和技术常常都是相互作用的。有时考虑两方面因素可以得出一个优良的方案；有时要获得一个方面的优点，要以另一个方面的缺点为代价。因此，每个中庭建筑的创作实践要根据具体情况来分别对待。

3.5.1　国外绿色中庭实践的调查与分析

1. 调查对象的选取

本节选取近 15 年来建成的国外有影响力的绿色中庭建筑作为分析对象，分别为①阿拉伯联合酋长国阿布扎比海湾生态综合体，②英国斯拉夫与东欧研究学院伦敦大学学院，③美国辉瑞中心（GEN$_Z$YME CENTER），④马其他证券交易所，⑤英国考文垂大学弗雷德里克・兰切斯特图书馆，⑥德国国会大厦改造工程，⑦德国戴姆勒・克莱斯勒办公楼，⑧森林与自然研究所，⑨森林房屋展览馆，⑩法兰克福商业银行。这些中庭建筑的建成时间在 1996 年至 2008 年之间，具体介绍详见附录。

2. 促进通风的方法

表 3.1 所示的是这 10 个案例为促进自然通风所采取的方法和措施。

表 3.1　促进自然通风的方法汇总表

方法和措施 案例	对流与“烟囱”通风相结合，中庭起着加热或者制冷的作用	抽风装置调节中庭与室外的压力差，加强中庭通风	中庭的屋顶提供足够的侧向通风	建筑本身或构件与中庭一起形成通风渠道	运用机械辅助装置实现自然通风	竖向多个通风井与中央中庭结合，促进自然通风
阿布扎比海湾生态综合体				●	●	
斯拉夫与东欧研究学院	●			●		●
辉瑞中心(GENZYME CENTER)		●		●	●	
马其他证券交易所		●			●	
弗雷德里克·兰切斯特图书馆	●	●	●		●	●
德国国会大厦改造工程				●	●	
戴姆勒·克莱斯勒办公楼	●			●		
森林与自然研究所	●	●	●	●		
森林房屋展览馆	●					
法兰克福商业银行	●			●		●

如表 3.1 所示，运用建筑本身或构件与中庭一起形成通风渠道是促进自然通风的较为常见的方法，有 7 个建筑选用了这种方式。例如，戴姆勒·克莱斯勒办公楼运用商业裙房和办公楼中间的夹层作为风室，新鲜空气由此送入中庭，与中庭共同形成了通风系统；还有，为了改善中庭内的气流流向和舒适度，辉瑞中心的新鲜空气通过办公室顶棚上的格栅或周边开启的窗户进入室内，通过压力差再进入中庭。

在调查的这 10 个实例中，往往借助一些简单的机械辅助装置，来改善通风的质量，使用混合式通风。比如：辉瑞中心、马其他证券交易所等建筑在中庭天窗旁安装排风扇和抽风装置。

考虑自然通风时，需要根据季节的不同而调整通风策略和方法，降低建筑能耗。在寒冷季节，只需保证必要的换气量，可以减少室内外空气的流动。在炎热季节，则要促进空气流动，以提供足够的通风来有效降低室内气温。戴姆勒·克莱斯勒办公楼、森林房屋展览馆、森林与自然研究所等建筑在自然通风上都考虑了季节的因素。

3. 促进采光的方法

表3.2所示的是这10个案例为促进自然采光所采取的方法和措施。为了提供高质量的照明,在所调查的实例中,一些项目运用了光学辅助设备。例如,森林与自然研究所的窗户都装有防止眩光和遮阳的装置来确保视觉的舒适度。斯拉夫与东欧研究学院的采光井敷设了双层ETTE膜材,使自然光线均匀、柔和。

利用光学设施将自然采光发挥到极致的是辉瑞中心。该建筑中庭的玻璃屋顶下设置棱镜,过滤直射的太阳光,减少了眩光;中庭内带反射板的吊灯和反光墙将过滤后的阳光漫射到室内各处;日光折射系统(日光定向反射器与固定的反光镜)进一步加强了中庭内的采光。外立面四周安装的光线折射卷帘实现了办公室最大限度的天然照明。这些采光系统的组合,大大提高了整个大楼利用自然光的水平。

4. 促进遮阳的方法

在这10个案例中,运用遮阳百叶是最为常见的遮阳方式。还有一些可动式遮阳设备可以随着季节和室温的变化进行调节。如戴姆勒·克莱斯勒办公楼运用的是遮阳卷帘;相对高技术的德国国会大厦改造工程设置了根据太阳变化角度移动的遮阳装置。

值得一提是,戴姆勒·克莱斯勒办公楼的遮阳措施与建筑立面完美结合。基于对太阳辐射和自然光的分析,立面的玻璃窗在每层2.7m的高度内被平均分为三段,可开启的窗扇在顶部与底部,中部是固定玻璃。根据相对应的遮阳措施,玻璃窗分为不透明、半透明和透明三种,必要时可结合室外的遮阳卷帘。缤纷的玻璃窗构成了丰富的立面,同时提升了室内外的视觉联系。

5. 中庭建筑绿色设计的整体性

表3.2为10个案例中出现的通风、采光、遮阳和采暖制冷这四个方面采用的绿色设计方法的汇总。一般而言,这些绿色中庭建筑都有一个整体的节能设计理念,其节能设计手法会从通风、遮阳、采光和采暖制冷设计上综合考虑。每个项目大多采取3项以上的技术措施。如

森林与自然研究所应用了4项通风措施,1项遮阳措施,2项采光设计措施和1项采暖制冷措施,在综合配置了这些方法之后,达到了良好的舒适度和节能效果。

表3.2 通风、遮阳、采光和采暖制冷方法的汇总

促进自然通风	对流与“烟囱”通风相结合,中庭起着加热或者制冷的作用	抽风装置调节中庭与室外的压力差,加强中庭通风	中庭的屋顶提供足够的侧向通风	建筑本身或构件与中庭一起形成通风渠道	运用机械辅助装置实现自然通风	竖向多个通风井与中央中庭结合,促进自然通风	
有效遮阳	选择性透光遮阳	活动式外遮阳	遮阳卷帘	利用光学设施减少太阳直射	一体化的幕墙遮阳	利用倾斜和凹凸变化	可移动的遮阳装置
促进自然采光	采用各种措施防止眩光	利用日光折射系统、反光板等	敷设双层膜材结构	采用倾斜的屋顶天窗	控制中庭的高宽比		
采暖制冷	夜间自动调温控制系统	最小型化的采暖系统加上夜间自动调温控制系统	冷梁的低温辐射作用	根据室外温度的不同,采用综合性的制冷技术	被动式下沉气流控制系统	喷雾系统	

由于上述绿色设计方法相互影响,在具体的节能设计过程中,常采用仿真模拟的方法来分析通风、采光和遮阳等方面的设计策略,从而找到高效节能的集成设计手段。利用模拟的方法还可以使设计者对方案的构思和预案进行验证和选择,并确保所用策略能够满足建筑未来的使用性能、环境影响和经济核算等方面的要求。根据公开发表文章的介绍,森林与自然研究所、法兰克福商业银行、森林房屋展览馆等案例,在设计阶段都反复进行了计算机仿真模拟,以确保节能策略的实效性。

3.5.2 国内绿色中庭的实践研究

1. 国内中庭建筑设计的现状

根据我们对近5年(2004年1月至2008年12月)来建筑学报中刊登的48个中庭建筑的调查,设计师较多把中庭作为一种空间语言,而进行综合性的绿色设计的案例还不多。根据调查,较多采用的节能方法是遮阳。在48个中庭实例中,采用遮阳的有17例,其中有10例选择活动式外遮阳。没有采用遮阳的中庭建筑也有一定的原因,比如,有些中庭建筑的采光面积原本就不多,为了保证足够的自然采光,就没

有必要一定要遮阳。还有些中庭为了营造一定的氛围或外立面形象而不采取遮阳等。

2. 国内绿色中庭的设计现状

上述 48 个采光中庭建筑中，有 12 个案例的中庭有意识地采用了绿色设计手法。这 12 个中庭建筑是：北京保利大厦、2010 年上海世博会城市未来探索馆、中国石油大厦、海淀社区中心、燃气集团、民主党派与人民团体办公楼、青岛天人环境有限公司、广州大学城中山大学图书馆、广州移动通信枢纽楼、中国海洋石油总部办公楼、上海市高级人民法院审判法庭办公楼和重庆中国三峡博物馆。

例如，海淀社区中心的"市民大厅"是一个自然生态型的中庭，采用了开敞式呼吸外壁、自然换气屋面系统、局域空调调控系统、室内绿化，并且尽可能使用可再生建筑材料等，有效地利用一切自然能源，减少环境负荷，使海淀社区中心真正成为一个绿色的社区中心。

广州移动通信枢纽楼为了丰富环境以及改善进入中庭的空气质量，布置了一个大水池。夏日灼热的阳光使得水池中水分大量蒸发，水池就成了空气的一个加湿降温装置。而加湿降温的空气由 2 层底部的开口进入中庭，使得中庭的热环境得到了一定程度的改善。并且在南向中庭下面设计了一个下沉花园广场，种满大量绿色植物，对进入中庭 2 层底部开口的空气起到了净化作用。

3.5.3　国内外生态中庭的比较与启示

本节把上述国外的 10 个绿色中庭建筑案例与国内 12 个绿色中庭案例，从通风、遮阳、采光和采暖制冷等方面采用的绿色设计方法和措施进行比较。

1. 通风

在这些案例中出现的促进自然通风的方法和措施主要有以下几种：

A—对流与"烟囱"通风相结合，中庭起着加热或者制冷的作用；

B—抽风装置调节中庭与室外的压力差，加强中庭通风；

C—中庭的屋顶提供足够的侧向通风；

D—建筑本身或者建筑构件，与中庭一起形成通风渠道；

E—运用机械辅助装置实现自然通风；

F—竖向多个通风井与核心中庭结合，促进自然通风；

G—设置导风装置。

把使用一项措施得一分进行综合统计，得到如图 3.33 所示的促进中庭自然通风的方式的统计图。可见，国外中庭在促进自然通风设计上使用的方法的广度和使用频率都要比国内中庭高得多。国外中庭 10 个案例累计通风措施达 30 分，而国内中庭累计得分只有 6 分。

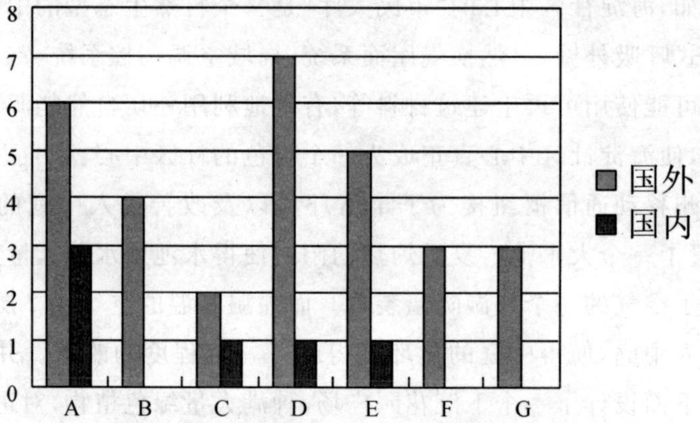

图 3.33　促进中庭自然通风的方式的统计图

在国外绿色中庭设计中使用频率较高的 A 和 D 项与空间形态设计密切相关；B 和 E 项技术难度和技术成本都不高，而节能效果较好，所以，设计师在建筑方案设计的时候要综合考虑能与空间形态的问题。特别是利用建筑本身与中庭一起形成自然通风渠道，要求建筑师精准把握中庭与周边空间的通风系统。

2. 遮阳

在这些案例中出现的遮阳措施有以下几种：

H—选择性透光遮阳；

I— 活动式外遮阳；

J— 遮阳百叶或卷帘；

K—利用光学设施减少太阳直射；

L— 一体化的幕墙遮阳；

M—利用倾斜和凹凸变化；

N—可移动的遮阳装置；

根据图 3.34 的统计分析，遮阳方法和措施的应用分布较散，除了活动式外遮阳相对较多使用外，不同的案例选择了不同的遮阳方式。但国外中庭使用的遮阳方式基本可根据环境的变化而进行调节。国内中庭的遮阳措施大多只使用固定的遮阳百叶，并使这些遮阳百叶和建筑造型相结合。

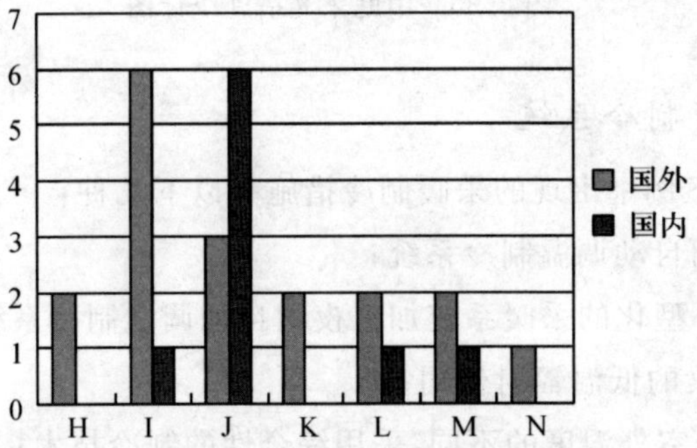

图 3.34　中庭遮阳方式统计图

3. 采光

在这些案例中出现的促进自然采光的方法和措施有以下几种：

P—采用各种措施防止眩光；

Q—利用日光折射系统、反光板等；

R—敷设双层膜材结构；

S—采用倾斜的屋顶天窗；

T—控制中庭的高宽比；

根据图 3.35 的统计，为了提高采光的质量，国外中庭常使用各种措施来减少眩光，并利用日光折射系统、反光板等来增加自然光的可达范围。

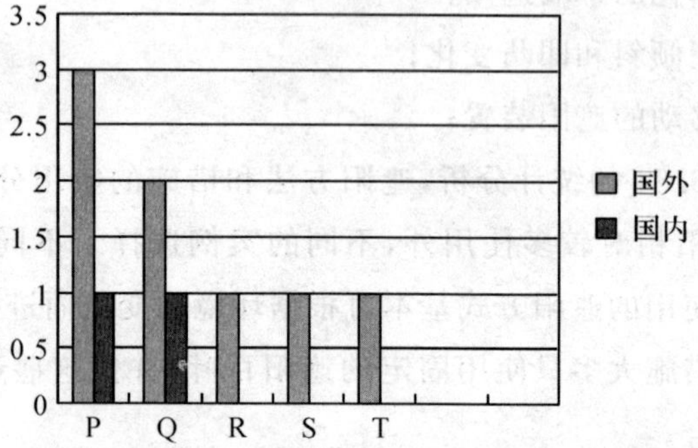

图 3.35 中庭采光措施统计图

4. 采暖制冷系统

在这些案例中出现的采暖制冷措施有以下几种：

U—夜间自动调温制冷系统；

V—最小型化的采暖系统加上夜间自动调温制冷系统；

W—冷梁的低温辐射作用；

X—根据室外温度的不同，采用综合性的制冷技术；

Y—被动式下沉气流控制系统；

Z—喷雾系统。

根据图 3.36 的统计分析，夜间自动调温制冷系统是国外中庭最常采用的方法。在夏季，利用白天和夜晚温度差的气候特征，来预冷降温，减少能耗。在夜间，中庭内加强通风的频率。较冷的室外夜间空气通过中庭和建筑楼板，从而使建筑结构降温。这些降温后的建筑构件可以使得第二天白天的室内温度相对舒适。综合性的制冷技术大多是依靠机械采暖制冷设备，但是这些设备的启用是依据室内外气温和热环境的变化而制定的。国内中庭在采暖制冷方面较多使用机械空调设备，忽视对被动式采暖制冷技术的运用。

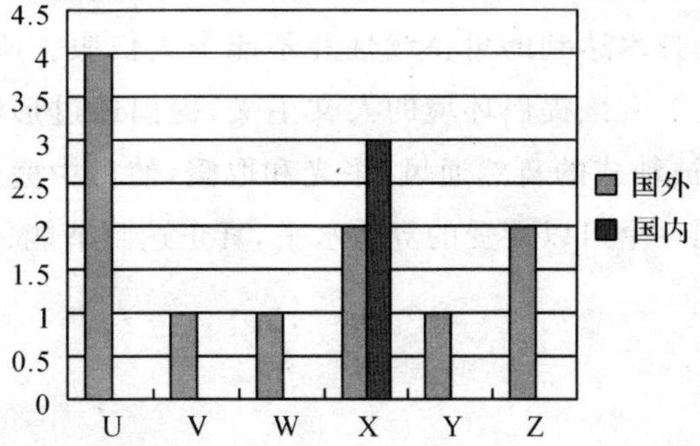

图 3.36　中庭采暖制冷措施统计图

5. 对国内绿色中庭建筑发展的启示

通过国内外案例的比较，可以看到国外在绿色中庭建筑的实践方面，有以下几点可以值得我们借鉴：

(1)统筹安排，综合考虑中庭的通风、遮阳、采光和采暖制冷等各种被动式和主动式节能方法和措施。积极发挥中庭作为生态交换空间的作用，不是单方面考虑节能的某个因素而忽略另一个因素。例如：考虑中庭自然采光的同时，也考虑中庭的遮阳，避免夏季室内过热；考虑中庭自然通风的同时，也考虑中庭的保温隔热，避免过量通风造成的不稳定热环境。

(2)单向节能因素也要综合考虑该因素与建筑形态的联系。比如，在考虑促进自然通风这一因素时，最好结合建筑自身的特点，利用建筑的结构层与中庭共同形成通风系统；或者结合双层表皮、通风管道，与中庭形成一体化的通风系统。

(3)为了提高中庭的热舒适度，在被动式节能的基础上，适当添加一些小型的机械辅助设施，将起到较好的实效；大型机械设备的使用应该根据温度、湿度和季节的变化而进行自动调节。

上述国外绿色中庭建筑的案例较多是明星建筑师设计，这些高技派的绿色建筑因其特有的影响力，起到了较好的宣传作用，推动了绿色建筑的实践和发展。但更重要的是要把他们的理念和技术应用到普通的建筑设计中。21 世纪的绿色建筑是要走入市民生活的绿色建筑，靠先进而昂贵的技术达到的可持续性并不能令人信服。所以，中国绿色中庭建筑的发展应该提倡环境的人文主义，提倡通过形体设计和适宜的技术，通过被动式的自然通风、采光和取暖，使得中庭建筑通过跟随自然法则达到一个可以接受的舒适水平，真正达到节能、环保和可持续发展的目标。

附录　绿色中庭建筑的案例概要

名　　称:盖尔森基兴日光能科技园

地　　点:德国,盖尔森基兴
主要用途:科技园
建筑面积:约 9,000m^2
所 有 者:埃姆什公园保奥斯特降国际组织
设计单位:基斯勒＋帕特纳事务所
竣工日期:1995 年
气候特征:年平均最高气温为 21.7 摄氏度,年平均最低气温为 11.3 摄氏度

设计概要:
盖尔森基兴日光能科技园是欧洲最大的工业区——德国鲁尔区产业结构调整的一部分。作为盖尔森基兴传统的玻璃和能源产业的延续,科技园扩展为一个太阳能研究中心,致力于创造一种完全不同于传统科技园的工作环境。科技园入口设在东侧,西面的拱廊式中庭是建筑室内外的缓冲空间,是建筑节能的核心

主要照片和图纸

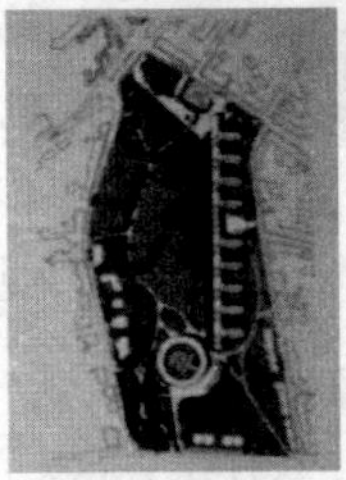

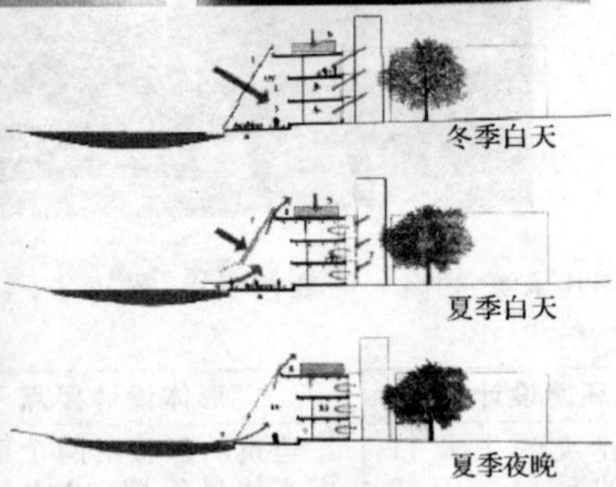

图片来源:盖尔森基兴日光能科技园,德国.世界建筑,2002,12

环境设计要点	形体设计要点	技术措施要点
1. 保证大多数建筑具有良好的朝向 2. 西部设置了长约 300 米的玻璃拱廊,在拱廊中可以俯瞰整个湖泊,达到了内部环境与外部湖面的对话 3. 中庭内部环境设置绿化植物	1. 拱廊式中庭高三层,外墙为倾斜的玻璃墙面,可以欣赏外部湖面的景观 2. 中庭的玻璃墙面的开启状态可随季节的变化而变化,实现建筑的自然采光、通风和采暖 3. 室外雨棚的设计,避免中庭夏季过热	1. 西面玻璃拱廊外侧为倾斜的玻璃墙面,安装隔热玻璃 2. 西立面设计成大型的上下推拉窗,其开启状态可随季节变化而自由调节。在冬季,挡板关闭,减小通风量,利用中庭的温室效应配合供热系统一起保存热量;夏季则将挡板打开加强通风,并结合室外太阳防护装置来防热 3. 地板下的室温调节系统,有助于室内降温

名　　称：森林房屋展览馆	
地　　点：德国，斯图加特 **主要用途**：展览馆 **所 有 者**：巴登-符腾堡土地局 **设计单位**：迈克尔·乔克尔斯 **竣工日期**：1997 年 **气候特征**：冬季无寒冬，夏季无酷暑。冬季多雨水，阴天多阳光少。早晚温差大	**设计概要**： 建筑选址在靠近城市、距离斯图加特电视塔不远处的一片市属森林里面，实现了与环境的统一和能量的高效利用。建筑由虚实两个明确的体量所限定，玻璃的虚体量用作展览空间，较小的房间安排在两层的实体木质体量中，用作作坊和管理用房。展览空间简洁而通透，向参观者展示了建筑与自然的联系

主要照片和图纸

图片来源：帕高·阿森西奥著，侯正华、宋晔皓译. 生态建筑. 南京：江苏科学技术出版社，2001

环境设计要点	形体设计要点	技术措施要点
建筑的主要目的是加强内部展览和外部森林之间的联系。玻璃展览区是进行正式展示的场所，是一个回应环境，方便观察周围的森林及其随季节的变化而变化的场所	1. 建筑的形状由两个明确的虚实体量组成，虚体量为弧形顶的玻璃体，实体量为松木材质的长方体。两个体量相互依靠，与室内和室外空间中所进行的活动密切相关 2. 开大窗的展览厅，有着阳光房的功能，可依据季节的不同，分别起着加热或制冷的作用 3. 有着丰富多彩的开窗方式，每个立面都是根据节能或者是通过透明窗引入森林的金色等需要特别设计的	在夏季，玻璃屋顶打开一个双层遮盖，它有两个功能，一方面起着反射大部分阳光和防止过热的作用，另外还是一个太阳光能灯罩，散射室内聚集的热量，并将其通过双层罩子导向屋顶的上部。在冬季，双层遮盖在白天收起，顶部的一个开口被关闭，以便阳光摄入和热量散发。这个系统为整个建筑的其他部分起着自然加热的作用。"太阳能墙"为这一过程增加了效果，在夏天提供绝热层，在冬天起保温作用。另外，建筑屋顶有一套主动式太阳能系统。光电装置与电气系统相连，提供加热水或额外空调所需的能量

名　　称：法兰克福商业银行大楼

地　　点：德国，法兰克福
主要用途：办公建筑
建筑面积：130,000m^2
所 有 者：德意志商业银行总部
设计单位：福斯特与合伙人事务所
竣工日期：1997 年
气候特征：气候温和，1 月份平均气温－3.5℃，7 月份平均气温 17.5℃，年降水量 624mm

设计概要：

该建筑高度为 298 米，共 60 层，堪称运用中庭原理来充分利用自然光和自然通风的典范。建筑中间是一个通高 60 层的中庭，每 12 层作为一个独立的段，以阻断气流或烟的聚集。在每一段，办公区和花园结合在一起。每个花园占据 4 层高的空间，并沿着建筑塔楼呈螺旋形排列。在该建筑的设计中，环境控制的概念得到充分地运用

主要照片和图纸

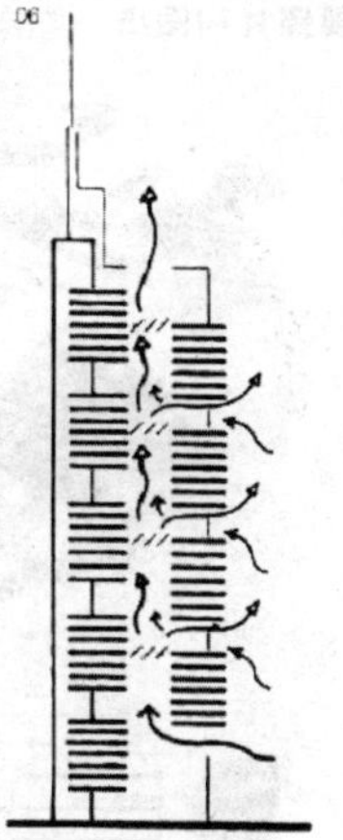
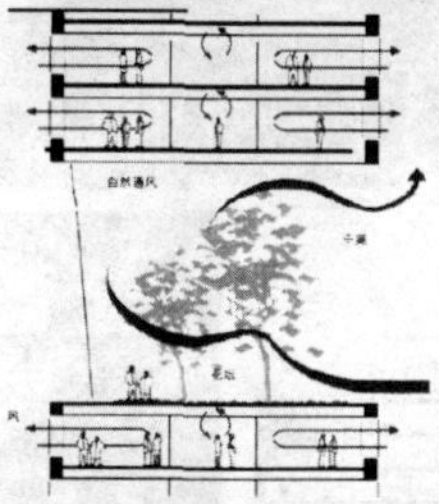
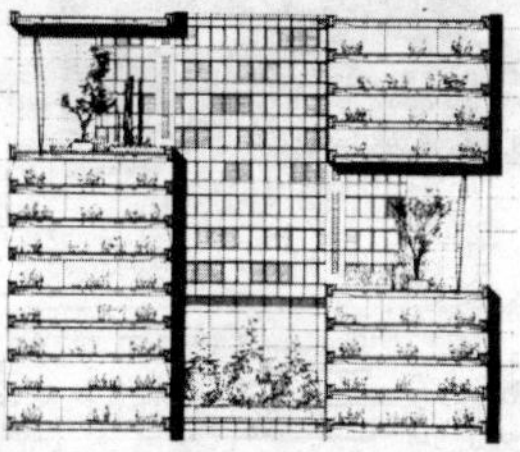

图片来源：帕高·阿森西奥著，侯正华、宋晔皓译．生态建筑．南京：江苏科学技术出版社，2001；http://www.cqvip.com

环境设计要点	形体设计要点	技术措施要点
1. 建筑外形可使新建筑对老建筑的遮挡尽可能最少（老总部大楼离新建筑西边角只有 7.93m） 2. 作为建筑构造的组成部分，9 个 14 米高的花园外侧面为可开启的双层玻璃窗，而花园面对前厅完全敞开。花园根据方位种植各种具有不同主题的植物和花草	1. 建筑平面为一边长 60 米的等边三角形，每边均呈弧形向外突出，以使阳光最大限度地进入建筑内部。三角形把平面分成三个部分，各部分既有适宜管理的尺度，又能使周围的办公室面对花园，促进相互交流 2. 形体设计的生态策略主要体现在中庭的创造性处理上。将一个 60 层通高的中庭分为 4 段；三角形建筑的侧边每隔八层便设置一个四层的中庭花园，中庭在平面上按顺时针方向螺旋式上升轮流设置，使得建筑中几乎每个办公室都有直接采光和良好的自然通风。这个生态构思产生了建筑外部螺旋式上升的虚实关系，也构成了独特的中庭空间效果	1. 中庭成为内部办公室的通风井。每隔 12 层所设置的水平玻璃隔断可使上升的热空气通过花园排到室外，并能防止因中庭过高而产生过渡的向上拔风 2. 在一幢高层建筑里，有时一个微小的开口都能吸入空气，使表面形成一个大旋涡。为了能够达到自然通风，设计了一个随气候变化调节的双层立面．它包括一个固定的外层（高压吸热的单层玻璃），中间通气层和一个可开启的双层玻璃窗。当办公室取暖时，使用者能够关闭内层窗控制外面的冷空气，在冬天也可以获取一些太阳的热量 3. 面对中央大厅的窗户可以打开而成为通风排气口；当热空气上升时，冷空气便从外侧装有玻璃的可控制墙板进入。排风口的空气从花园排出，建筑控制系统控制花园玻璃面的开启以限制大厦内高压空气的速度

名　　称：森林与自然研究所	
地　　点：荷兰，Wageningen **主要用途**：办公和实验室 **建筑面积**：11,250m² **所 有 者**：Alterra 森林与自然研究所 **设计单位**：Behnisch, Behnisch and Partner **竣工日期**：1998 年 **气候特征**：海洋性温带阔叶林气候，冬温夏凉，月平均气温：1 月 2－3℃；7 月 18～19℃。其日温差和年温差都不大，且一年四季的降雨量较均匀	**设计概要**： 设计理念是在原有荒废的土地上种植大量农用植物来实现自我循环发展。该建筑偏重于形态的综合设计，总平面布置呈 E 字形布局，三栋连续的办公楼围合了两个玻璃覆盖的中庭。这两个中庭是节能设计的核心，通过恰当地使用一些价低但实用的机械设备，较好地发挥了中庭本身的节能作用，保证了室内充足的自然光照，有利于建筑的夏季自然通风和冬季采暖

主要照片和图纸

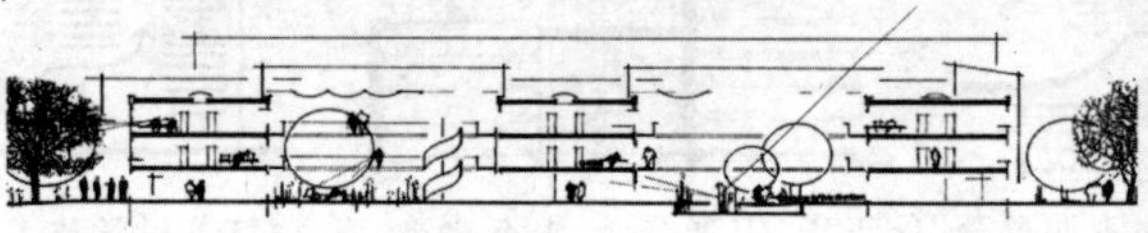

图片来源：纪雁，(英)斯泰里奥斯·普莱尼奥斯著. 可持续建筑设计实践. 北京：中国建筑工业出版社，2006

环境设计要点	形体设计要点	技术措施要点
1. 建筑基地原本是一块过度施肥的玉米地，现在原有荒废的土地上种植大量农用植物 2. 两个玻璃覆盖的中庭是整个环境设计的重要元素；在冬天，漫射的太阳光线迅速地加热该大空间；在夏日，收集的太阳能增加了庭院中水池和植物树叶的蒸发作用从而降低了庭院中的空气温度	1. 总平面呈 E 字形布局，围合了两个采光中庭。巨大的带有遮阳设施的中庭不仅改善了体量与外立面的比例，还能减少室外气候的干扰，并保证了室内充足的自然光照 2. 外墙的木框架以及面向庭院部分较多采用各种木材，带来令人愉悦的触觉感受	1. 实验室的能耗受通风系统的影响很大。所有的实验室都从上部进风，每个房间在朝向走廊的一侧都有自己的垂直通风井道。实验室空调被安装在顶棚上，在夏夜可以进行夜间制冷 2. 新风通过窗户进入面向中庭的办公空间，由于面向中庭的侧翼没有风压，安装在每个办公侧翼中间的一个抽风装置通过压差控制使得气流能够进入室内 3. 利用遮阳装置来防止中庭的眩光，以及在中庭屋顶提供足够的侧向通风，保证休憩区域的舒适度 4. 所有的工作室都可以从中庭和室外获得自然光线。窗户都装有防止眩光和遮阳的装置来保证视觉的舒适性，同时防止过多太阳辐射

名　　称:科学院蒙特塞尼斯

地　　点:德国,鲁尔区的赫尼
主要用途:训练中心、办公、会议,图书馆
所 有 者:德国政府
设计单位:卓达和帕洛丁
设计日期:1993年
竣工日期:1999年
气候特征:冬季无寒冬,夏季无酷暑。冬季多雨水,阴天多阳光少。早晚温差大

设计概要:

运用复合空间的概念,提出了“微型气候的封闭体”概念,把所有的设计房屋都放在一个屋檐下。建筑由微气候封闭体(外部的玻璃盒子),内部建筑实体以及两者之间的中庭共同组成。建筑根据气候条件,进行自然采光、通风、遮阳及采暖等方面的设计。与其他相似的建筑相比较,可节省23%的能源,并减少28%的二氧化碳排放量

主要照片和图纸

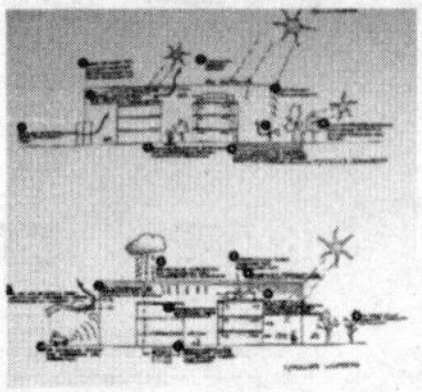

图片来源:迪恩·霍克斯,韦恩·福斯特著,张威译.建筑工程与环境.大连:大连理工大学出版社,2003:03

环境设计要点	形体设计要点	技术措施要点
1.赫尼位于鲁尔区的中心地带,该工程位于一关闭的煤矿,是将矿区改造成公园的一个环节 2.北面的污水区已用筑堤和挖沟道网的方法将污水排干,并覆盖了植物 3.流通的中庭内部环境设置绿化植物和水池	1.建筑布局成一个城市化的社区,建筑中心是一个学院,对面是一个旅馆,居民房位于旅馆的南侧。还有图书馆和饭店等,都覆盖在一个巨大的玻璃盒内,形成了一个可控制的小环境 2.建筑用云状的屋顶形式。冬季,建筑外表挡住了寒风,新鲜的空气通过温室效应得到加热,并输入建筑内部的使用空间。并通过控制通风率以保证缓冲区的空气清新度	1.大型玻璃建筑顶由太阳能热水板和太阳能光电板覆盖,墙被树木遮挡,避免获得多余的太阳能 2.空气控制系统由热交换器构成,控制废气回收和重新分配 3.顶部的玻璃棚富于变化,给中庭空间和建筑内部提供适量的自然光。光电板分布在适当的位置以遮挡阳光。发光架安装于适当的位置,使日光投入深层

名　　称：戴姆勒·克莱斯勒办公楼

地　　点：德国，柏林
主要用途：办公建筑
建筑面积：57,800m²
所 有 者：戴姆勒·克莱斯勒和索尼公司
设计单位：Richard Rogers Partnership
竣工日期：1999 年
气候特征：属温带海洋性气候和温带大陆性气候之间的过渡型，年平均气温 9.4℃。冬季较冷，夏季凉爽。年降水量 580 毫米，年内分配较均匀

设计概要：

该项目位于波茨坦广场，三栋建筑的功能由办公、商业与住宅组成。建筑需要遵循柏林传统方块形街区的城市肌理，以及满足一系列苛刻的条件，如建筑不能超过 9 层高度，需要围合内院等。三栋建筑均是大约 50 米见方的体块，体块在东南方向围合的中庭成为低能耗设计的重要特征。中庭最大限度地利用自然采光并提供良好景观，加上现代的建筑语汇，赢得了广泛的好评

主要照片和图纸

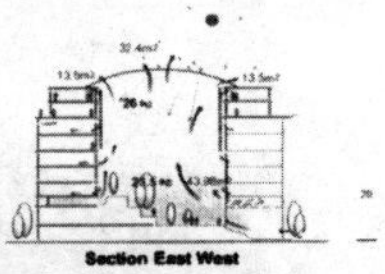

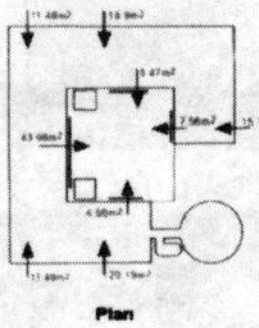

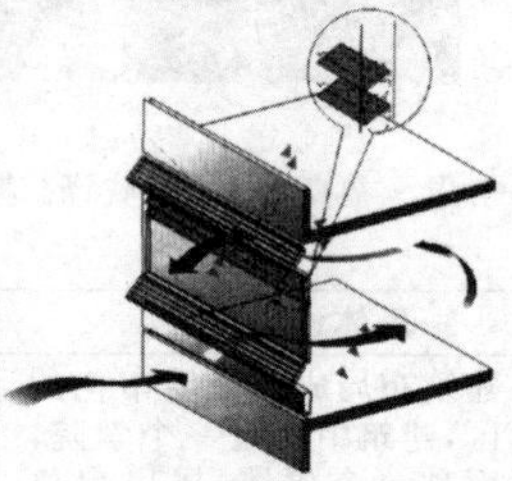

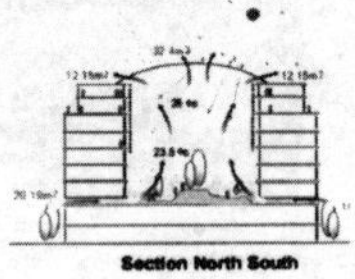

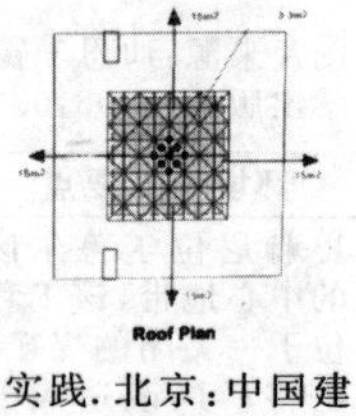

图片来源：纪雁，(英)斯泰里奥斯·普莱尼奥斯著. 可持续建筑设计实践. 北京：中国建筑工业出版社，2006

环境设计要点	形体设计要点	技术措施要点
1. 三幢 50 米见方的矩形体块在东南方向巨大开口的朝向设计，使得中庭能最大限度地利用自然光线 2. 中庭内部环境设置绿化植物，给周边办公空间提供良好的景观环境	1. 立面设计基于对太阳辐射和自然光的分析，同时为减少能耗设置了特别的遮阳方式 2. 立面的玻璃窗在每层 2.7 米的高度内被划分为三段，可开启的窗户位于顶部与底部，中间是固定的玻璃。形式各异的玻璃窗构成了精致的立面，并提升了与室外的视觉联系	1. 中庭完全采用自然通风，商业裙房和办公楼中间的夹层作为风室，新鲜空气由此进入中庭。自然通风保证了中庭入口区域以及中庭周边相邻的办公区域内的室内舒适 2. 根据相对应的遮阳措施每段玻璃窗为不透明、半透明和透明三种 3. 利用自然通风和水冷梁的低温辐射作用

名　　称：英国考文垂大学弗雷德里克·兰切斯特图书馆

地　　点：英国，考文垂 **主要用途**：图书馆 **建筑面积**：9，103m² **所 有 者**：英国考文垂大学 **设计单位**：萧特及合作人事务所 **竣工日期**：2002 **气候特征**：温带海洋性气候，冬季温和、夏季凉爽、各月降水较均匀	**设计概要**： 图书馆地上4层地下1层，坐落在50m见方的基地之内。因为功能要求和用地条件的限制，建筑平面进深较大，立面封闭，但主要的4层阅览层都设计成单纯依靠自然通风，利用采光井及周边管道为建筑换气，整座图书馆成为了一座全部利用自然通风的建筑。同时，通过室内采光井进行自然采光

主要照片和图纸

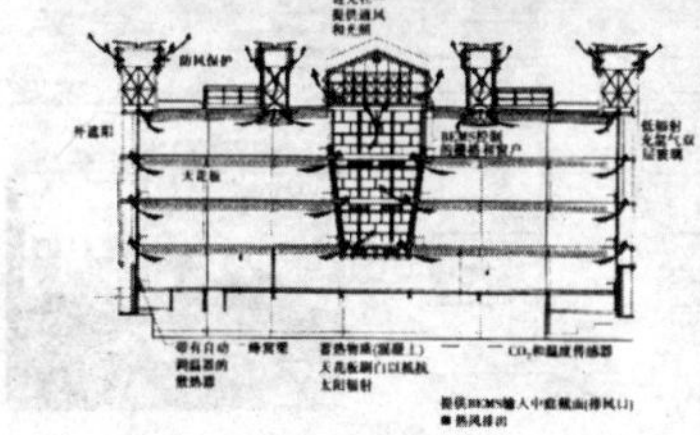

图片来源：北京方亮文化传播有限公司. 世界绿色建筑设计. 北京：中国建筑工业出版社，2008

环境设计要点	形体设计要点	技术措施要点
1. 建筑基地与周边主干道距离极近是该项目的一个制约点 2. 建筑外形封闭，室内进深较大，都是建筑利用自然通风和采光的不利因素	1. 利用外墙上的窗户形成穿堂风有一定的难度；而且周围道路上的交通噪音和尾气污染对建筑的影响也较大。因此建筑不得不采用全封闭的窗户 2. 由于建筑进深较大，单一的中庭会使得建筑室内局部光线过亮，而其他的区域又无法满足采光需求。因此，在中央中庭的四周又设置了四个小型采光井，通过水平组合来共同满足图书馆采光的均好性	1. 除中央中庭外还设置了四个采光井，提供了自然采光的同时作为通风井来将热空气抽出 2. 进入室内的新鲜空气吸收热量后上升，然后通过外墙上的通风管道以及采光井排出。空气的排出口装设有特别设计的风帽，这些风帽能够保证各种室外条件下室内空气都能顺利排出，而不因外界气压的变化将废气压回管道中 3. 楼宇能源管理系统根据室内外实际温度、风速、风向以及图书馆 CO_2 的浓度自动控制建筑内的气压及窗户开启。在夏季夜间也能将空气吸入室内，带走热惰性材料如混凝土楼板等在白天吸收的热量 4. 冬季进入室内的空气通过中庭和采光井底部的水平预热盘管加热，并在各层铺设了空气流通管道

名　　称:美国辉瑞中心(GENZYME CENTER)	
地　　点:Cambridge,Massachusetts,USA 主要用途:办公和试验场所 建筑面积:32,500m² 所 有 者:私人开发商和一个生物科技公司 设计单位:Behnisch, Behnisch and Partner 竣工日期:2003 年 气候特征:四季分明,冬季多雪严寒,夏天炎热多雨,日夜温差大,气候变化较大	**设计概要:** 目的是创造一个由内而外,从个人的工作空间发展至整个复杂结构的建筑。该建筑是一个成功利用中庭创造良好采光条件和办公环境的实例。中庭从下至上贯穿12层楼高度,如一个树型结构连接起了从建筑中央到立面的各种各样的空间,并成了大型的回风管道和采光井

主要照片和图纸

图片来源:纪雁,(英)斯泰里奥斯·普莱尼奥斯著.可持续建筑设计实践.北京:中国建筑工业出版社,2006

环境设计要点	形体设计要点	技术措施要点
1.基地是一块被研究机构所包围的废弃工业用地 2.室外的花园露台为立面增加了变化的深度和倒影等元素 3.中庭周边有多个依据不同主题建造的独立花园	1.双层幕墙体系使得室内环境不会受严酷的室外气候条件的影响 2.彩色遮阳百叶、卷帘配合双层幕墙系统使得建筑立面熠熠生辉,轻盈通透 3.平面近似矩形,中央设置通高的中庭,其高宽比远大于 3:1 的比例,但通过一系列的设计和技术方法,不但满足中庭底部天然光照度要求,而且为相邻办公空间提供足够的天然光线 4.利用结构层作为风室,与中庭共同形成天然的通风井道	1.新鲜空气通过办公室顶棚上的隔栅或周边开启的窗户进入室内,根据压力差再进入中庭,通过中庭天窗旁安装的排风扇排出建筑;室外双层通风幕墙起到了生态缓冲空间的作用;外墙可开启的窗户由 BMS 控制,在夏季可利用夜间室外空气制冷 2.中庭内的自然光是通过屋顶北部安装的 7 个日光定向反射器以及一系列安装在南部的固定镜子反射进来的。屋顶还安装了一个带有棱镜的遮阳系统,能够控制反射和漫反射入建筑的光线量;带反射折光板的吊灯装在中庭内,投射到折光板上的光线只有在特定的角度能够透过,将进入中庭的光线折射到四周的办公空间,而在别的角度则是被反射;中庭内南向的反光栏板和光墙增加了自然光,光墙带有可移动和开合的垂直百叶,可根据它们的位置在不同角度反射光线

名　　称：清华大学设计中心楼

地　　点：北京 **主要用途**：办公建筑 **建筑面积**：6,800m^2 **所 有 者**：清华大学 **设计单位**：清华大学建筑设计研究院 **竣工日期**：2000 **气候特征**：暖温带半湿润季风大陆性气候区，春季干旱，夏季炎热多雨，秋季天高气爽，冬季寒冷干燥；冬季盛行西北风，夏季盛行东南风	**设计概要**： 本楼的设计目的就是要为清华大学设计研究院的员工提供一个健康、高效、舒适的工作环境。建筑布置了两个中庭，南边的一个较大，主要用于冬季采暖以及在夏季组织自然通风；北面的小中庭则主要是为了采光。建筑使用以来，从全年检测数据来看，已明显取得了节能效益，是国内一次运用常规建造技术建造绿色生态办公建筑的尝试范例

主要照片和图纸

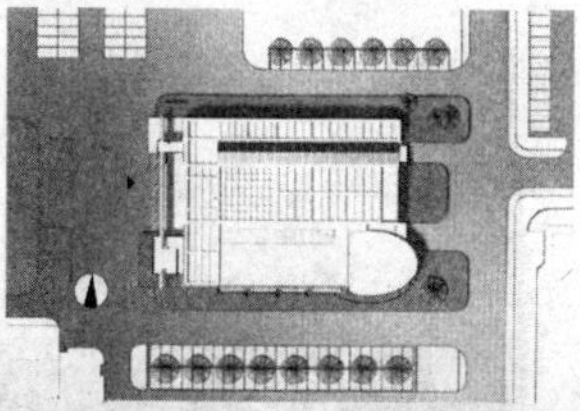

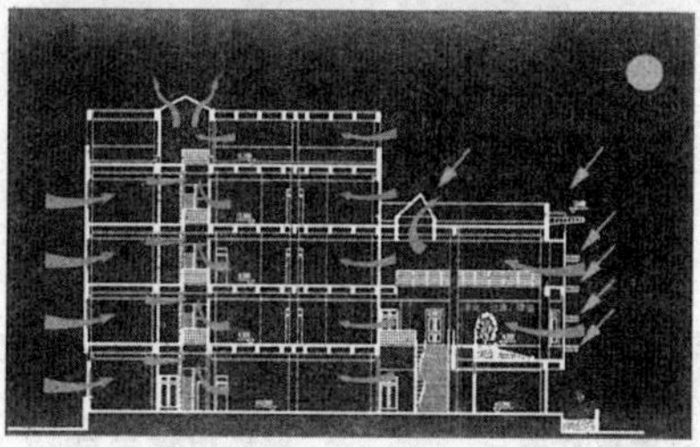

图片来源：胡绍学，黄柯，宋海林．建筑学报．生态办公建筑的有效实践——清华大学设计中心楼综合评价，2004：03

环境设计要点	形体设计要点	技术措施要点
1．对二层南向中庭进行大面积绿化，楼板上覆土层平均厚度为60cm，种以天然植物。事实证明，室内绿化取得了降低室温，改善小气候，美化室内环境的效果，使办公楼内充满生气，使人们更贴近自然的感受	1．在建筑的南面设置了一个体积较大的绿化中庭作为热缓冲层，已成为本楼最舒适宜人的地方，该中庭起到了加强通风、热缓冲和调节温度的作用 2．主入口朝西，采用实体防晒墙，在冬季成为一个蓄热体，在夏季阻挡西晒 3．架空屋顶是为了架设太阳能光电板，又能遮蔽太阳直射；架空层内的空气流动也能迅速带走热量、降低屋顶的温度 4．计算各层遮阳板的间距以及竖向百叶间距，大玻璃处设置铝合金遮阳板体系	1．利用南侧中庭大面积开窗和南北过道顶部加开天窗，加强自然通风。南侧大开间办公室与北侧办公室之间的中庭空间顶部空气的加热所产生的烟囱效应，在热压和风压的共同作用下，利用自然通风提供一个健康舒适的内部工作环境，并且达到建筑节能与改善室内空气品质的效果 2．主要南侧工作大空间南北两侧均为推拉式落地窗，自然通风带走室内的热空气，而污浊空气从南北廊顶部天窗排出

名　　称：上海生态建筑示范楼

地　　点：上海
主要用途：办公建筑
建筑面积：1,994m^2
所 有 者：上海建筑科学研究院绿色建筑工程研究中心
设计单位：上海市建筑科学设计院
竣工日期：2004 年 9 月
气候特征：属亚热带海洋性季风气候。春秋两季气候宜人，夏季炎热，冬天阴冷，全年雨量适中

设计概要：

该项目是上海市科委重大科技攻关项目"生态建筑关键技术研究与系统集成"的示范工程。该项目实现了建筑理念创新、技术集成创新、研发模式创新和关键技术突破，成为我国生态建筑技术产品后续研发实验平台和国内外合作交流平台。该楼全面展示了建筑节能、自然通风、自然采光、太阳能利用、健康空调、绿色建材、智能监控、生态绿化、水资源利用和舒适环境等十大类先进技术

主要照片和图纸

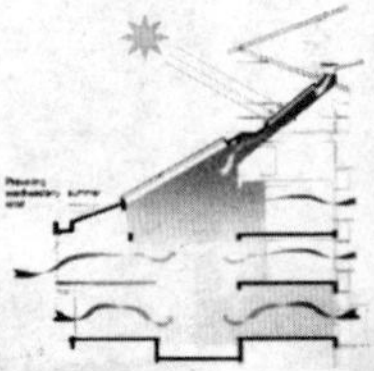

图片来源：纪雁，（英）斯泰里奥斯·普莱尼奥斯著. 可持续建筑设计实践. 北京：中国建筑工业出版社，2006

环境设计要点	形体设计要点	技术措施要点
1. 在建筑南面设置一个约 400m^2 的景观水池，通过多种生态绿化植物群落配置技术，形成生物气候缓冲带，有效改善建筑微环境 2. 各层通风口处均设置屋顶小花园，种植绿化植物，让室外空气通过植物的净化和过滤进入室内	1. 建筑平面基本呈长方形，外形南低北高呈坡形，南面二层、北面三层，中间为通高三层的由北向南倾斜的中庭。其外形是通过对不同风向和风压下建筑各部分的自然通风效果进行分析得出的 2. 中庭屋顶是一个巨大的透明玻璃天窗，开启角度大小随意 3. 采用斜屋顶架空遮阳以及可移动的百叶遮阳板 4. 南立面采用可调节的水平铝合金百叶外遮阳技术。西立面采用可调节垂直铝合金百叶遮阳技术	**通风设计**：三层设备平台上方设置与斜屋面同角度的倾斜的通风道，在自然通风状态下可通过设在中庭顶部的电动通风气窗给整个建筑内部拔风；并且在排风道内设置 7 组太阳能热水散热器，用于过渡季节提高热压，加强拔风，出风口设在最高位置。二层南面办公室上部吊顶空间的南面设带状电动外窗，北面设有素竹片制作的通长百叶，气流通过吊顶间的通道进入中庭，为北面三层房间引入穿堂风 **采光设计**：中庭的天窗保证了建筑的自然采光。采用自然采光模拟技术优化中庭天窗、外墙门窗等采光及遮阳设计，如南面大窗户通过大型铝百叶的电动调节，可以避免直射阳光及过强的漫射天光

名　　称：中国石油大厦

地　　点：北京 **主要用途**：办公 **建筑面积**：200,000m² **所 有 者**：中国石油天然气集团公司 **设计单位**：北京市建筑设计研究院，英国 TFP **竣工日期**：2008 年 **气候特征**：四季分明。春季干旱，夏季炎热多雨，秋季天高气爽，冬季寒冷干燥；风向有明显的季节变化，冬季盛行西北风，夏季盛行东南风	**设计概要**： 业主是以生产能源为主的大型企业，大厦的建设充分体现节能意识。总平面设计中考虑到该项目用地范围狭长，分散布局可以最大限度地满足建筑主体尽可能多的南北朝向，确保建筑主体的自然采光和通风。该项目拥有长达 250m 的城市临街面，立面设计力求以丰富有序的空间形态加入到城市空间中。立面肌理强调竖线条，使建筑获得高耸挺拔的视觉效果，凸显中石油集团蓬勃向上的企业精神和发展前景

主要照片和图纸

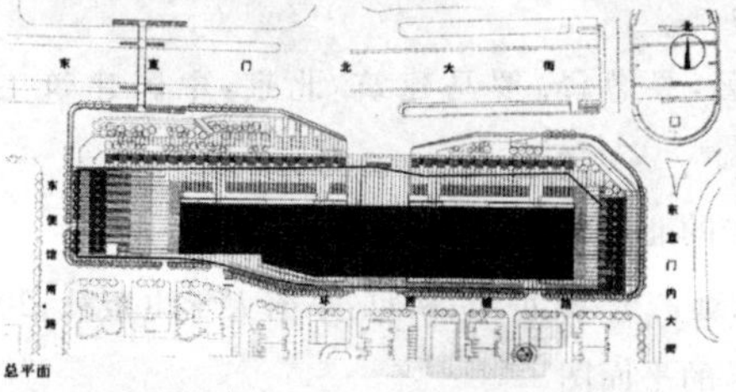

图片来源：王勇，曹晓东．中国石油大厦设计．建筑学报，2009：07

环境设计要点	形体设计要点	技术措施要点
1．总平面设计中考虑到该项目用地范围狭长，分散布局可以最大限度地满足建筑主体尽可能多的南北朝向，确保建筑主体的自然采光和通风	1．平面应用"L"形母题，尽可能减小建筑体量，同时加大同自然的接触面，利于空气在各楼之间形成环流，有效地组织场地通风 2．三个中庭水平组合而形成连续的共享空间。 3．建筑幕墙为石材竖线条间隔双层玻璃幕墙，在保证大厦总体石材感觉的同时，采用内循环双层呼吸幕墙系统。夏天可以减少热能传递；冬天可以防止热能损失 4．双层幕墙的遮阳系统采用自动控制装置，使遮阳百叶能够根据阳光照射变化来自动调整开启角度，从而遮挡更多的阳光辐射能量，达到节能目的	1．遮阳系统采用自动控制装置 2．大厦可以实现全新风运行，中庭及侧边庭屋顶可自动开启，除满足消防排烟功能外，过渡季节可实现自然通风，夏季可自动排除热量，遇刮风下雨等不利情况可自行关闭 3．利用低温冷水，实现空调系统低温送风，低温风口设计出风温度为 8℃，减少系统设计风量，节约空调风机电耗 4．采用数字智能照明控制系统实现大厦照明系统的集中管理

本书图片来源说明

图 1.1　古希腊的庭院住宅

来源:张汀,张玉坤,王丙辰. 古希腊与古罗马传统民居建筑中的庭院探析. 山东建筑工程学院学报,2004,01

图 1.2　中庭式罗马住宅

来源:张汀,张玉坤,王丙辰. 古希腊与古罗马传统民居建筑中的庭院探析. 山东建筑工程学院学报,2004,01

图 1.3　双庭式住宅

来源:张汀,张玉坤,王丙辰. 古希腊与古罗马传统民居建筑中的庭院探析. 山东建筑工程学院学报,2004,01

图 1.4　黄金宫八角形大厅

来源:约翰·B·柏金斯著,吴葱译. 罗马建筑. 北京:中国建筑工业出版社,1999

图 1.5　君士坦丁巴西利卡的北侧堂

来源:陈平. 外国建筑史:从远古至 19 世纪. 南京:东南大学出版社,2006

图 1.6　君士坦丁巴西利卡的平面图

来源:陈平. 外国建筑史:从远古至 19 世纪. 南京:东南大学出版社,2006

图 1.7　老圣彼得教堂的平面图

来源:陈平. 外国建筑史:从远古至 19 世纪. 南京:东南大学出版社,2006

图 1.8　圣康斯坦察陵庙

来源:陈平. 外国建筑史:从远古至 19 世纪. 南京:东南大学出版社,2006

图 1.9　万神庙的剖面图

来源:陈平. 外国建筑史:从远古至 19 世纪. 南京:东南大学出版社,2006

图 1.10　皖南民居中的方形天井和狭长形天井

来源:俞宏理,李玉详编. 老房子——皖南徽派民居. 南京:江苏美术出版社,1993

图 1.11　天井住宅的"四水归堂"式排水

来源:http://media.baidu.com

图 1.12　临州市自立巷 5 号(慈善堂)徐家的开合式天井示意图

来源:吕爱民.应变建筑:大陆性气候的生态策略.上海:同济大学出版社,2003

图 1.13　布拉德伯里大楼(Bradbury Building)

来源:http://www.greatbuildings.com/buildings/Bradbury_Building.html

图 1.14　拉金大厦的中庭

来源:项秉仁著.赖特.北京:中国建筑工业出版社,1992

图 1.15　约翰逊制腊公司总部的中庭

来源:项秉仁著.赖特.北京:中国建筑工业出版社,1992

图 1.16　亚特兰大海特·摄政旅馆的中庭

来源:石铁矛、李志明编著.国外著名建筑师丛书:约翰·波特曼.北京:中国建筑工业出版社,2003

图 1.17　福特基金会总部的中庭

来源:徐立、郑虹.凯文·罗奇.北京:中国建筑工业出版社,2001

图 1.18　琦玉县立大学的中庭式数码廊

来源:自拍

图 1.19　琦玉县立大学的剖视图

来源:自绘

图 1.20　柏林 DG 银行的中庭

来源:自摄

图 1.21　柏林商业设施内的中庭

来源:自拍

图 1.22　纽约市花旗联合中心的中庭

来源:http://www.thecityreview.com/citicorp.html

图 1.23　Delfet 大学建筑系馆由庭院改造的中庭

来源:自拍

图 1.24　日本东京火车站城市更新中形成的中庭

来源:自拍

图 1.25　香港汇丰银行总部的中庭

来源:http://blog.sina.com.cn

图 1.26　东京国际文化中心的巨大中庭

来源:http://blog.sina.com.cn

图 2.1 森林与自然研究所的总图

来源:纪雁,(英)斯泰里奥斯·普莱尼奥斯著.可持续建筑设计实践.北京:中国建筑工业出版社,2006

图 2.2 作为生态交换空间的森林与自然研究所中庭

来源:纪雁,(英)斯泰里奥斯·普莱尼奥斯著.可持续建筑设计实践.北京:中国建筑工业出版社,2006

图 2.3 中和面及烟囱效应热压分布图

来源:雷亮.室外环境控制与建筑空间形态关系初探.清华大学硕士学位论文,2005

图 2.4 混合自然通风示意图

来源:张金萍、李安桂.自然通风的研究应用现状与问题探讨.暖通空调,2005,08

图 2.5 上海军械大厦夏季、春秋季和冬季的挡风器开启状况

来源:吴向阳.国外著名建筑师丛书:杨经文.北京:中国建筑工业出版社,2007

图 2.6 斯拉夫与东欧研究学院的建筑通风示意

来源:姚润明.面向未来的绿色建筑——世界优秀绿色建筑实例精选.重庆:重庆大学出版社,2008

图 2.7 太阳能烟囱装置及其进出风口与热交换器

来源:陈飞著.建筑风环境:夏热冬冷气候区风环境研究与建筑节能设计.北京:中国建筑工业出版社,2009

图 2.8 中庭自然采光的示意

来源:杨倩苗,高辉.中庭的天然采光设计.建筑学报,2007,09

图 2.9 侧面采光与屋顶采光效果

图 2.10 金贝尔艺术博物馆的屋顶采光分析

来源:加斯特·路易斯·I·康.秩序的理念.北京:中国建筑工业出版社,2007

图 2.11 导光管

来源:李海英,白玉星,高建岭,王晓纯.生态建筑节能技术及案例分析.北京:中国电力出版社,2007

图 2.12 光导纤维

来源:李海英,白玉星,高建岭,王晓纯.生态建筑节能技术及案例分析.北京:

中国电力出版社,2007

图 2.13　德国国会大厦改造工程的棱镜窗

来源:周浩明,张晓东.生态建筑.南京:东南大学出版社,2002

图 2.14　德国国会大厦改造工程的冬季通风和采光示意图

来源:王鹏,谭刚.生态建筑中的自然通风.世界建筑,2000,04

图 3.1　采光形式统计图

来源:自绘

图 3.2　英国的 ITN 总部办公楼的中庭

来源:林川,田先锋,房志勇,中庭建筑设计及其热舒适度控制.工业建筑,2004,07

图 3.3　日本东京的松下电子公司信息交流中心剖面示意图

来源:www.hku.hk/bse

图 3.4　丹麦大学校园建筑中庭的旋转产生的采光优化

来源:http://www.bustler.net

图 3.5 阿伯丁大学新图书馆的轴心式旋转

来源:http://www.worldarchitecturenews.com

图 3.6　帕里克哈住宅的夏季和冬季剖面

来源:汪芳编著.查尔斯・柯里亚.北京:中国建筑工业出版社,2003

图 3.7　日本品川车站商业设施的线型中庭

来源:自拍

图 3.8　柏林科技城某建筑的广场型中庭

来源:自拍

图 3.9　德国法兰克福商业银行大楼的剖面示意图

来源:帕高・阿森西奥著,侯正华译,宋晔皓译.生态建筑.南京:江苏科学技术出版社,2001

图 3.10 英国剑桥爱尼卡大楼中庭的剖面

来源:玛丽・古佐夫斯基著,汪芳、李天骄、谢亮蓉译.可持续建筑的自然光运用.北京:中国建筑工业出版社,2004

图 3.11　英国剑桥爱尼卡大楼的中庭

图片来源:玛丽・古佐夫斯基著,汪芳、李天骄、谢亮蓉译.可持续建筑的自然光运用.北京:中国建筑工业出版社,2004

图 3.12　德国盖尔森基尔兴科技园的通风模式

来源：周浩明，张晓东. 生态建筑：面向未来的建筑. 南京：东南大学出版社，2002

图 3.13　巴塞罗那某一办公建筑的屋顶剖面

来源：http://www.archdaily.com

图 3.14　考文垂大学弗雷德里克·兰切斯特图书馆的进风示意图

来源：姚润明. 面向未来的绿色建筑——世界优秀绿色建筑实例精选. 重庆：重庆大学出版社，2008

图 3.15　考文垂大学弗雷德里克·兰切斯特图书馆的排风示意图

来源：姚润明. 面向未来的绿色建筑——世界优秀绿色建筑实例精选. 重庆：重庆大学出版社，2008

图 3.16　蒙特福德大学女王馆通风示意图

来源：王鹏，谭刚. 生态建筑中的自然通风. 世界建筑，2000，04

图 3.17　上海生态示范楼的剖面和外观

来源：纪雁，(英)斯泰里奥斯·普莱尼奥斯著. 可持续建筑设计实践. 北京：中国建筑工业出版社，2006

图 3.18　戴姆勒·克莱斯勒办公楼的剖面通风示意

来源：纪雁，(英)斯泰里奥斯·普莱尼奥斯著. 可持续建筑设计实践. 北京：中国建筑工业出版社，2006

图 3.19　柏林国会大厦通风示意图

来源：薛恩伦. 重视环境、文化传统与生态平衡的高技派建筑. 世界建筑，2000，04

图 3.20　天窗的位置与自然光

图 3.21　锯齿形天窗倾斜度与太阳高度的关系

来源：史艳琨. 公共建筑中庭设计探析. 河北工业大学硕士学位论文，2007

图 3.22　慕尼黑新贸易展示大厦中庭屋顶的日光偏转系统

来源：考斯特. 动态自然采光建筑原理与应用——基本原理·设计系统·项目案例. 北京：中国电力出版社，2007

图 3.23　利用梁板体系的自遮阳

来源：http://www.archdaily.com

图 3.24　辉瑞中心带反射折光板的吊灯

来源：纪雁，(英)斯泰里奥斯·普莱尼奥斯著. 可持续建筑设计实践. 北京：中国建筑工业出版社，2006

图 3.25　湿热地区的多空隙围护结构

来源:http://www.archdaily.com

图 3.26　利用双层玻璃幕墙通风

来源:彭小云,柳孝图.中庭的热环境与节能探讨.工业建筑,2002,06

图 3.27　吉巴欧文化艺术中心

来源:周浩明、冯文静.伦佐·皮亚诺——自然之魂.南京:东南大学出版社,2002

图 3.28　宁波诺丁汉大学可持续技术研究中心的自遮阳

来源:http://www.hpnet.com.cn

图 3.29　丹麦碳中和公共建筑(Green Lighthouse)的自遮阳

来源:http://www.advarc.org

图 3.30　金属百叶遮阳板

来源:http://media.badu.com

图 3.31　金属孔板网遮阳

来源:自拍

图 3.32　玻璃屋顶的织物遮阳

来源:迪恩·霍克斯,韦恩·福斯特.建筑·工程与环境.大连:大连理工大学出版社,2003

图 3.33　促进中庭自然通风的方式的统计图

来源:自绘

图 3.34　中庭遮阳方式统计图

来源:自绘

图 3.35　中庭采光方式统计图

来源:自绘

图 3.36　中庭采暖制冷措施统计图

来源:自绘

主要参考文献

[1] 张汀,张玉坤,王丙辰.古希腊与古罗马传统民居建筑中的庭院探析.山东建筑工程学院学报,2004,01

[2] 约翰·B·柏金斯著,吴葱译.罗马建筑.北京:中国建筑工业出版社,1999

[3] 陈平.外国建筑史:从远古至19世纪.南京:东南大学出版社,2006

[4] 俞宏理,李玉详编.老房子——皖南徽派民居.南京:江苏美术出版社,1993

[5] 吕爱民.应变建筑:大陆性气候的生态策略.上海:同济大学出版社,2003

[6] 项秉仁著.赖特.北京:中国建筑工业出版社,1992

[7] 石铁矛、李志明编著.国外著名建筑师丛书:约翰·波特曼.北京:中国建筑工业出版社,2003

[8] 理查·萨克森.中庭建筑——开发与设计.北京:中国建筑工业出版社,1990

[9] 陈建红.皖南徽州民居室内空间环境探析.重庆大学硕士论文,2003

[10] 寇广建.湘南民居中的天井空间研究.南方建筑,2005,03

[11] 朱贺.传统住宅天井的研究与探析.西南交通大学硕士研究生学位论文,2006

[12] 严坤.普利策建筑奖获得者专辑(1979—2004).北京:中国电力出版社出版,2004

[13] 日本建筑学会编.中庭环境设计.彭国社,1993

[14] 徐晓红主编.绿色博物馆建筑的探索——上海自然博物馆节能技术研究为例.上海:上海人民出版社,2010

[15] 汪芳编著.查尔斯·柯里亚.北京:中国建筑工业出版社,2003
[16] 日本建筑学会编著,卢春生、卢叶、小室治美译.玻璃在建筑中的应用.北京:中国建筑工业出版社,2009
[17] 付祥钊主编.夏热冬冷地区建筑节能技术.北京:中国建筑工业出版社,2005
[18] 周浩明,张晓东.生态建筑.南京:东南大学出版社,2002
[19] 李海英,白玉星,高建岭,王晓纯.生态建筑节能技术及案例分析.北京:中国电力出版社,2007
[20] 景颖.玻璃幕墙外遮阳设计探究.山西建筑,2009,04
[21] 林川,田先锋,房志勇.中庭建筑设计及其热舒适度控制.工业建筑,2004,07
[22] 张金萍、李安桂.自然通风的研究应用现状与问题探讨.暖通空调,2005,08
[23] 钟军立,曾艺君.建筑的自然通风设计浅析.重庆建筑大学学报,2004,04
[24] 纪雁,(英)斯泰里奥斯·普莱尼奥斯著.可持续建筑设计实践.北京:中国建筑工业出版社,2006
[25] 彭小云,中庭的热环境与节能研究.东南大学博士学位论文,2003
[26] 胡绍学,黄柯,宋海林,生态办公建筑的有效实践:清华大学设计中心楼综合评价,建筑学报,200403
[27] 帕高·阿森西奥著,侯正华译,宋晔皓译.生态建筑.南京:江苏科学技术出版社,2001
[28] 彭小云.玻璃热性能与中庭节能.工业建筑,2004,05
[29] 景颖.玻璃幕墙外遮阳设计探究.山西建筑,2009,04
[30] 张金萍、李安桂.自然通风的研究应用现状与问题探讨.暖通空调,2005,08
[31] 吴向阳.国外著名建筑师丛书:杨经文.北京:中国建筑工业出版社,2007
[32] 姚润明.面向未来的绿色建筑——世界优秀绿色建筑实例精选.重庆:重庆大学出版社,2008

[33] 陈飞著.建筑风环境:夏热冬冷气候区风环境研究与建筑节能设计.北京:中国建筑工业出版社,2009
[34] 杨倩苗,高辉.中庭的天然采光设计.建筑学报,2007,09
[35] 王鹏,谭刚.生态建筑中的自然通风.世界建筑,2000,04
[36] 北京方亮文化传播有限公司.世界绿色建筑设计.北京:中国建筑工业出版社,2008
[37] 林宪德著.绿色建筑:生态·节能·减废·健康.北京:中国建筑工业出版社,2007
[38] 杨维菊著.夏热冬冷地区生态建筑与节能技术.北京:中国建筑工业出版社,2007
[39] 布朗、马克·德凯著,常志刚、刘毅军、朱宏涛译.太阳辐射·风·自然光.北京:中国建筑工业出版社,2008
[40] 玛丽·古佐夫斯基著,汪芳、李天骄、谢亮蓉译.可持续建筑的自然光运用.北京:中国建筑工业出版社,2004
[41] 熊方亮总策划.绿色建筑.北京:中国城市出版社,2008
[42] 王欢.基于能耗控制的采光中庭空间形态构成影响因子研究,浙江大学硕士学位论文,20080601
[43] 迪恩·霍克斯,韦恩·福斯特.建筑·工程与环境.大连:大连理工大学出版社,2003
[44] 张长文.广州移动通信枢纽楼生态节能设计理念介绍.建筑学报,2006,02
[45] 付祥钊主编.夏热冬冷地区建筑节能技术.北京:中国建筑工业出版社,2002
[46] 马克斯,莫里斯,陈士.建筑物·气候·能量.北京:中国建筑工业出版社,1990
[47] 周浩明,张晓东著.生态建筑:面向未来的建筑.南京:东南大学出版社,2002
[48] 陈钰.中庭的热环境与节能研究.浙江大学硕士学位论文,2008
[49] 周洁.基于节能的夏热冬冷地区公共建筑采光中庭设计探析.浙江大学硕士学位论文,2010

[50] 赵蓓. 武汉地区中庭建筑的通风和热舒适度模拟研究. 华中科技大学硕士学位论文,2004

[51] 杜敬三. 商业建筑中庭热环境研究. 清华大学硕士学位论文,2002

[52] 朱琳. 建筑中庭的被动式生态设计策略. 湖南大学硕士学位论文,2008

[53] 田先锋. 建筑中庭热舒适度控制与节能设计. 北京建筑工程学院硕士学位论文

[54] 刘新新. 建筑中庭与采光顶的设计研究. 河北工业大学硕士学位论文,2006

[55] 薛恩伦. 重视环境、文化传统与生态平衡的高技派建筑. 世界建筑,2000,04

[56] 史艳琨. 公共建筑中庭设计探析. 河北工业大学硕士学位论文,2007

[57] 周浩明、冯文静. 伦佐·皮亚诺——自然之魂. 南京:东南大学出版社,2002

[58] 刘念雄. 盖尔森基兴日光能科技园,德国. 世界建筑,2002,12

[59] 王勇,曹晓东. 中国石油大厦设计. 建筑学报,2009,07

[60] 多米尼克·高辛·米勒著,邹红燕,邢晓春译. 可持续发展的建筑和城市化——概念·技术·实例. 北京:中国建筑工业出版社,2008

图书在版编目（CIP）数据

绿色中庭建筑的设计探索／王洁著．—杭州：浙江大学出版社，2010.9
ISBN 978-7-308-07955-6

Ⅰ.①绿… Ⅱ.①王… Ⅲ.①庭院—绿化—设计
Ⅳ.①S731.5

中国版本图书馆 CIP 数据核字（2010）第 175330 号

绿色中庭建筑的设计探索
王　洁著

责任编辑　王　波
封面设计　俞亚彤
出版发行　浙江大学出版社
（杭州市天目山路 148 号　邮政编码 310007）
（网址：http://www.zjupress.com）
排　　版　杭州好友排版工作室
印　　刷　杭州杭新印务有限公司
开　　本　710mm×1000mm　1/16
印　　张　9.25
字　　数　147 千
版 印 次　2010 年 9 月第 1 版　2010 年 9 月第 1 次印刷
书　　号　ISBN 978-7-308-07955-6
定　　价　25.00 元